大沼勇治，せりなさん夫妻が抗議するなか，勇治さんが考案した「原子力明るい未来のエネ

ける大沼勇治さん(中央). 2016 年 3 月 11 日　双葉町

原発事故から 5 年目の「3.11」を迎えたこの日，PR 看板のなくなった双葉町でテレビ局の取材

事故から７年半経った福島第一原発．３号機を覆うドームが見える．
2018 年 9 月 18 日　双葉町

海岸線を埋め尽くすような巨大な防潮堤が延びる先に東京電力広野火力発電所が見える．
2018 年 7 月 2 日　楢葉町

「未来を見据える」アート作品の撤去を知って，展示最終日に駆けつけた子どもたち．
2018 年 9 月 17 日　福島市

恒久展示するはずの「サン．チャイルド」像は 1 カ月半で撤去されることに．
2018 年 9 月 19 日　福島市

いる村民より多いという．　2015 年 2 月 26 日　飯舘村

フレコンバッグからの放射線を浴びながら朝礼をする作業員．全国から集められた人々は，避

建物の二階の壁を高所作業車に乗って雑巾がけする作業員．2014 年 11 月 1 日　飯舘村

住民がいない地域で，除染を讃えるのぼり旗が並んだ．見るのは除染作業員だけだ．
2014 年 4 月 28 日　川俣町山木屋地区

「仮置場」よりも多い「仮仮置場」が至るところに設置され，一時は「仮仮仮置場」まで．
2014 年 10 月 30 日　飯舘村

避難指示が解除されても，ホットスポットが至るところにある．
2017 年 5 月 28 日　飯舘村

除染が終了した住宅などの解体工事が続いている．2018 年 10 月 8 日　飯舘村

取り壊しが決まった家の縁側に座る年老いた父親とフレコンバッグの山に目をやる菅野一代さん．
2017 年 5 月 29 日　飯舘村

避難指示解除を機に村に帰った菅野隆幸さんは，畑の隅に桜の木を植えた．
2017 年 4 月 2 日　飯舘村

満開の桜の下には汚染土壌の山が．2016 年 4 月 15 日　飯舘村

見上げた．　2017年5月29日　飯舘村

取り壊しを前にして仏壇を持ち出すために一時帰宅した菅野一代さんは，鴨居の上の先祖代々

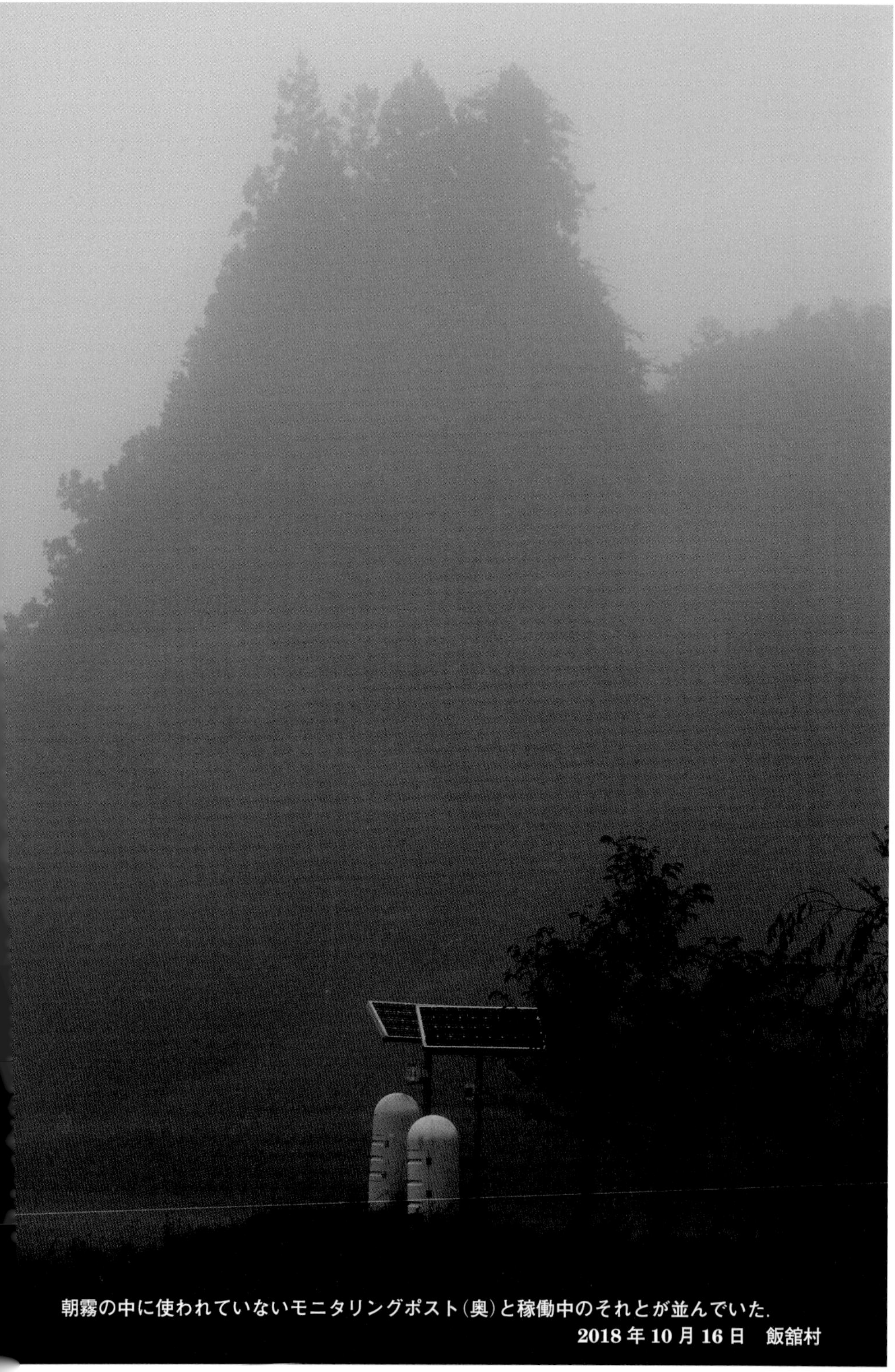

朝霧の中に使われていないモニタリングポスト(奥)と稼働中のそれとが並んでいた.
2018 年 10 月 16 日　飯舘村

第1章　突然の写真の展示拒否――隠される〈過去〉と〈現在〉

不可解な展示拒否

　まさか自分の作品が――。私は戸惑った。二〇一八年一〇月、東京都大田区での私の写真展の開催が二週間後に迫るなか、主催者から電話がきた。写真展会場である大田区の施設「エセナおおた」と主催者との間で展示作品をめぐってトラブルが発生しているというのだ。

「エセナおおた」は、「男女共同参画社会の実現を目指し、区民の皆さんが自主的に活動する場を提供」する目的で大田区が設置した施設である。ところが、「エセナおおた」を運営する指定管理者のＮＰＯ法人を通じて、区の担当部署の人権・男女平等推進課が主催者に対し、展示予定作品の一点を展示から外すことを条件に、写真展開催を認めると言ってきたという。

　突然の事態に私は「即答はできない。表現の自由や報道の自由に大きくかかわることでもあり、豊田の作品の一点だけの問題では済まないから」と答えるしかなかった。

　自分の作品がトラブルに巻き込まれるとは思っていなかった迂闊《うかつ》さに情けなくなる。私はジャーナリストとして、日本や世界の政治・社会の状況が悪化していることを訴えてきた。しかし、私は無意識のうちに、自分自身を観察者として、政治・社会の外に位置づけてきたのかもしれない。

主催者の説明で、どの写真が問題になったかはすぐに分かった。しかし、なぜそれが問題となったのか、いくら考えても理解できない。

二〇一五年一二月二一日、私は、「撤去が復興?」と印字された手製のプラカードを持つ大沼勇治さんと、同じく「過去は消せず」と印字されたプラカードを掲げる妻のせりなさんを撮影した。その背後で、原子力推進キャンペーンの看板がまさに撤去されようとしている場面だ(表紙写真)。この写真は、写真週刊誌『フライデー』(二〇一六年一月一五日号)にも掲載していた。

「原子力 明るい未来のエネルギー」。写真には、原発推進をPRするための標語が掲げられた看板が写っている。この標語は、勇治さんがつくったものだ。勇治さんが小学六年生の時に出された宿題で考案し、それが優秀賞となり、双葉町から表彰されて、町の体育館前に看板として掲げられたのである。

二〇一五年、看板を撤去するという双葉町の方針を知り、勇治さんは反対した。勇治さんは、自身への反省も含めて、福島第一原発事故への教訓として現場保存を求め、署名集めの活動も始めた。勇治さんの撤去反対運動は全国紙でも報道された。しかし町は方針を変えず、六〇〇〇名余の反対署名にも応えず、方針通り撤去することを決定した。私が勇治さんたちの写真を撮影したのは、撤去が強行される、その時であった。

この写真は、とりたてて私のスクープというわけではない。私がカメラを構えた隣には、地元紙だけでなく、全国紙や通信社、さらにフリーランスのカメラマンたちが並んで同様な写真を撮影し報道していたのだ。

この写真を含む、私の写真展『叫びと囁《ささや》き　フクシマの七年間・尊厳の記録と記憶』は、二〇一八年二月に聖心女子大学の聖心グローバルプラザから全国巡回展として開始され、神奈川県立かながわ県民活動サポートセンター、兵庫県たつの市の市立揖保川図書館、東京都西東京市の柳《やぎ》沢《さわ》公民館といった公立の施設でも展示されてきた。

確かに「エセナおおたでの展示作品募集」に記載された「展示条件」には、「その４　展示できないもの」として、「政治活動もしくは宗教活動を表現したもの」とある。しかし、この写真が「政治活動」を「表現したもの」というのなら、おそらく世界中で表現されている写真の大半も、同様の理由から展示できないことになってしまうだろう。

この写真ではないが、「フクシマ」を撮影した私の写真はニューヨークの国連本部や、ベネズエラの首都カラカスのベネズエラ国立美術館でも展示されてきた。また、原発震災の起こる以前、私は、米軍がイラクで劣化ウラン弾を使用したことを告発する写真展をブリュッセルのＥＵ（欧州連合）議会議事堂をはじめ、ヘルシンキのフィンランド国会議事堂やエジンバラのスコットランド議事堂などでも開催してきた。

私は写真が「政治とは無縁」だとは考えない。報道の世界から写真を始めた私は、むしろ大半の表現は政治から無縁ではありえないと考えてきた。表現者自身の主観として「政治とは無縁」ということはありえるだろう。しかし、客観的には、どんな表現でも無縁であることは難しい。だからこそ、表現の自由は、ほとんどの表現が「政治とは無縁」でないことを前提に、民主主義のために必要なものとして、世界で認められてきたのだ。そして表現の自由が奪われた国を、私たちは独裁国家と呼んできた。

だから、大田区の判断は何かの間違いだと私は思った。日本国憲法の第二一条の規定「言論、出版その他一切の表現の自由は、これを保障する。検閲は、これをしてはならない」にも明確に違反すると考えた。

二〇〇八年、靖国神社にかかわる様々な人々を撮ったドキュメンタリー映画『靖国 YASUKUNI』(李纓《リイン》監督)が、公開を予定していた東京と大阪の五つの映画館で上映中止となる事件が起きた。その際、私は「日本ビジュアルジャーナリスト協会(JVJA)」の共同代表(当時)として、国会議員会館での記者会見で表現の自由の必要性や、上映中止の不当性を訴えてきた。また二〇一二年には、韓国の写真家、安世鴻《アンセホン》氏の「従軍慰安婦」をテーマとした写真展が、東京と大阪のニコンサロンで開催を予定していたにもかかわらず、ニコン側の一方的な通告によって中止となる事件が起きた。写真展開催を求める安世鴻氏が起こした訴訟を、私も支援してきた。そうした私の立場や経験からも、大田区の対応を看過することはできなかった。

たった一枚の写真でも表現の自由

その後、主催者の再度の問い合わせに大田区は「人権・男女平等推進課としては、(展示条件に)抵触しないという理解ではあるが、見る人によっては理解していただけない可能性があるため」と説明したという。何を、どう「理解していただけない」のかは不明だが、あらゆる表現は、その受け手によって理解も解釈も異なるのは当然である。そうしたことによって表現の自由を制限する理由とすることを禁止したのが、憲法第二一条の趣旨であろう。

私が納得できるはずもなく、これら一連の経過を新聞記者やマスメディア関係者たちに「プレスリリース」として公表した。

すると、新聞記者たちが大田区に問い合わせたため、それに驚いたのか、大田区は態度をすぐに変えた。人権・男女平等推進課の課長から直接、私に電話があり、「慎重さを欠いてました。申し訳なかったと思っています」と言ってよこした。私はこれを謝罪と受け取った。こうして、遠回りをしたが、最終的には当初から予定していたとおりに写真展は開催された。

しかし、大沼せりなさんの掲げたプラカードの言葉のとおり「過去は消せず」である。たとえ「慎重さを欠いた」ためであろうと、憲法に違反する「検閲」を行なった事実、憲法に保障された「言論、出版その他一切の表現の自由」を侵害した事実は、そう簡単に消せるものではない。

そのため、私は、一度は外されかかった写真の下に経緯説明を書き記し、それを写真とともに写真展でも掲示した。さらにインターネットでも経緯を公開し、講演でもこの件を話してきた。

たった一枚の写真に、なぜここまでこだわらなければならないのか。憲法第一二条には「この憲法が国民に保障する自由及び権利は、国民の不断の努力によつて、これを保持しなければならない」とある。憲法が保障する規定は、私たちが「不断の努力」を払ってこそ「保持」できるのである。私も、それを負うべき国民であるという自覚はある。

しかし、それだけが理由ではない。私が仕事としているジャーナリズムの根幹にかかわることでもあると考えているからである。

ジャーナリストと「自己責任」

実は、この写真展問題が起こっているとき、三年四カ月もの間、シリアで武装勢力によって捕らわれていた知人のジャーナリスト、安田純平さんが解放された。その第一報が流れると、新聞社や通信社から私もコメントを求められた。まだ安田さんの身の安全が確定していないときで、安易に「喜びの声」を発していいのかと、私は迷った。

しかし、このときすでに日本ではインターネットなどで、「自己責任論」を唱え、安田さんを激しくバッシングする声が盛り上がり始めていた。これを無視することはできなかった。その際に、私が電話取材に答えたコメントが『毎日新聞』(二〇一八年一〇月二四日付夕刊)の記事にまとめられている。

「『早く無事を確認して『よかった』と言いたい』。シリアやイラクなど中東での取材経験が豊富で、安田さんとも交流が深いフォトジャーナリストの豊田直巳さん(62)は「まだ本人の映像など確定した情報はない状況だ」としつつも「水面下で解放に動いた方々に敬意を表したい」と話した。〔中略〕解放の一報を受けて、ネット上には「自分勝手に危険なところに出かけた」などの「自己責任論」が多く投稿されている。「安田君は最大限の準備をし、努力もし、その取材から私たちは事実を知る。民主主義のためにジャーナリストが現地から発信しなくてもいいのですか」と訴えた」

正直に書けば、私自身のこれまでの取材も、「自分勝手に危険なところに出かけた」と言われれば、「そうです」としか答えようがない。誰にも命じられることなく、自分で取材テーマを選び、自分自身で取材の準備をし、そして自分の足で現場に立つことがフリーランスの最大の魅力だと思い活動してきた。まして、写真の場合はなおさらである。現場に入らなければ一枚の写真も撮れないのだ。たとえ、それが最終的には「自己責任」であっても。

私もこれまでいくつかの戦場や紛争地、あるいは大災害の被災地に足を運んできた。こうした活動は、日本に帰国した安田さん自身が記者会見で発したように、ジャーナリストの「自己責任」で行なってきたと自覚している。

「自己責任」による取材は日本の現場でも同じである。本書のテーマである放射能に汚染されてしまった福島での取材においても同様だと考えてきた。だから、自分自身が被曝《ひばく》することも避けられないのを承知したうえで、福島の取材に通っているつもりだ。原発事故後も「安全」「安心」を唱えて原発を再稼働させている政府と、事故を引き起こした東京電力からもたらされる情報だけで、市民の知る権利が満たされるはずがないと思うのだ。その意味では「自己責任論」を唱える人々の言う「責任」と、ジャーナリストが自ら引き受けようとする「自己責任」は、自ずと異なるであろう。自覚的に「自己責任」を負い、取材と報道によって、時の為政者などとは別の視点を提示することが、ジャーナリズムではないだろうか。

民主主義の実現は、市民が、主権者であることを自覚し、事実を知ろうとするところから始まる。たとえば、有権者が政治的な判断を迫られる選挙でも、その判断材料となる日本や世界で起きている具体的な事実を知らなければ、どのような政策を進めようとしている候補者に投票してよいのか判断のしようがない。

あることをないことにする社会

もちろん、その一方で、私を含むジャーナリストが言う報道の自由は、ジャーナリスト個人の嗜好《しこう》に依存するわけではない。市民の知る権利を追求するための自由である。何を報道すべきか。その点においても、ジャーナリストの「自己責任」が問われていると私は考える。

だから、市民の知る権利を逸脱した「フェイクニュース」はもちろん、デマやヘイトスピーチの類《たぐい》がジャーナリズムに許されるはずもない。それらは報道の自由や表現の自由と無縁だと思っている。

これまで安田さんが取材から得てきた情報は、日本の中東政策のありようを市民が判断する際に、とても大きな意味を持っているはずである。また、彼の取材が決して独りよがりでなかったからこそ、マスメディアも彼の取材映像などをテレビで放送し、また新聞や雑誌も彼に執筆の場を提供してきたのだろう。

しかも、ジャーナリズムが権力と一線を画すがゆえに、時の政権にとってはけむたい存在であることも事実だ。ジャーナリズムは「ウオッチドッグ（番犬）」と呼ばれるが、時の政権のために働く番犬ではなく、市民の目となり耳となって時の政権・権力を監視するための番犬であるからだ。

為政者にとって目障りで、嫌な相手であり、またジャーナリズムの側からも為政者にそう思われる存在であろうと挑戦し続けるところにこそ、ジャーナリズムの存在価値があるとも言えよう。それによって生み出される為政者とジャーナリズム、あるいは市民との緊張関係が、民主主義を担保するのである。

しかし、こうした原則を「理想論」として排し、民主主義社会の発展よりも己の身を案ずる思いが先に立つ者がいることも、残念ながら事実だ。彼らは権力の側に立って、時の政権を〝忖《そん》度《たく》〟し、ジャーナリストやジャーナリズムに対して「自己責任論」を唱えることで、自分自身の「自己責任」からは逃れたいと思っているのかもしれない。そのような保身の気持ちが、私の写真展の問題に表面化したのではないか、とも私は考えている。

そのことは、『靖国　ＹＡＳＵＫＵＮＩ』の上映を拒否した映画館や、安世鴻氏の写真展を中止しようとしたニコンサロン、あるいは大田区など、表現の場を提供する役割を自主規制によって自ら放棄しようとしたものだけの問題ではない。

そもそも、私の写真に写った大沼夫妻が撤去に抗議する原発推進ＰＲの看板を撤去することも、「あることをないことにしたい」「人々の目に触れさせたくない」という意図から行なわれたと断言してもいいだろう。「あることをないことにする」。そうした行為が、この社会に浸透しつつあるのではないだろうか。

そのことについては、私が大沼夫妻の写真を撮った時のことが改めて思い出される。

看板の撤去作業の初日には、地元紙だけでなく全国紙や通信社、全国ネットのテレビ局の取材も入り全国的な注目が集まったためか、双葉町の伊沢史朗町長は「老朽化により撤去するが、町の財産として大切に保存する。双葉町が復興した時に改めて復元、展示を考えている」とのコメントを発表した。

しかし、このコメントは事実と異なる。前日に引き続く撤去作業の二日目。新聞社やテレビ局などの取材陣が去ったなか、町から委託を受けた建設会社の作業員は、看板をガスバーナーで切断し始めたのだ。

作業を見守っていた大沼勇治さんは戸惑いながら「町長は『大切に保存する』と言っていましたけど、これで元通りに展示できるようになるんですかね」と私に聞く。私も答えようがなかったが、目の前で進む撤去作業は、とても復元を想定しているように見えなかった。作業員は鉄板を切り刻むように切断し、アルミ板をひねりつぶすようにして鉄骨から無理矢理に引きはがしていた。

「話が違う」と慌てた勇治さんが、避難先のいわき市にある町役場の担当者に電話して追及すると、やっと「破壊」は中断された。作業員は復元展示を前提とした丁寧な分解をすることなど、何も聞いていなかったのだ。ここでも、「あることをないことにする」という社会の素顔が現れていたのだ。

「風評被害」の言葉で消されるもの

「消される」のは過去の不都合な事実ばかりではない。

東日本大震災および原発事故の発生した直後、二〇一一年三月一一日の午後七時一八分に、原子力災害対策特別措置法に基づいて「原子力緊急事態宣言」が発令された。実は、その宣言は未だ解除されていない。にもかかわらず、福島において放射能災害は去ったかのような「空気」が支配的となり、さらにそれを加速させるような行政の動きが顕在化している。

放射能を恐れたり、放射能の被害などについて語ったりすることが、「風評被害を招く」という言葉が連呼されることで、躊躇《ちゅうちょ》される。そうした雰囲気が「空気」のように、人々と社会を覆っている。

「風評被害」、すなわち「実害」ではなく、人々の意識が「被害」を広めているという考えを正当化するためなのだろうか。放射能汚染の実態、つまり実害を隠すかのように、放射線を計測するモニタリングポストの撤去の動きや、二〇二〇年に開催される東京オリンピック・パラリンピックに向けた「明るい」話題づくりや政策が、福島のあちこちで進められている。「風評被害」とは、実体のない風評・風聞によって受ける被害のことである。ことさら「風評被害」と言うことによって、実害が起きていることを隠すことになるし、実害を知り、それを防ごうとする動きも封じられてしまう。前述のように、「原子力緊急事態宣言」は未だ解除されていないというのに。

一例にすぎないが、福島第一原発から風に乗って運ばれた放射能が降り注いだ地域では、現在も天然キノコの出荷制限が続いている。この事実は、どれほど全国に知られているのだろう。実は、多くの県で、天然キノコの出荷制限がかけられている。福島県だけの話ではない。北は青森県から西は長野県、静岡県に至るまで一六県に及んでいる。すなわち、これだけ広範囲にわたり、現在も放射能汚染が続いていることの証左でもあろう。これは決して「風評被害」ではなく、実害である。出荷制限をかけているのは政府であり、それらを食べれば、放射能による健康被害が想定される。その意味では、政府さえも認めた、根拠のある被害といえる。

また、二〇一八年一一月、台湾で行なわれた国民投票によって、これまで続いてきた福島、茨城、千葉、栃木、群馬の各県で生産された食品の全面的な輸入停止措置を二年延長することが決まった。日本政府が一方で「安全」を強調しながら、その一方では出荷制限をかけていることに対する不信の現れでもある。

このように、海外にまで不信感を蔓延《まんえん》させてきたものこそ、「風評被害」という言葉に象徴される国の姿勢だったのではないか。すなわち、「あるものをなかったことにする」政策にこそ原因があるのではないか、と私は考える。

モニタリングポスト撤去の目論み

「あるものをなかったことにする」政策の一つの典型例が、モニタリングポストの撤去である。

二〇一八年三月、原子力規制委員会は二〇二一年までに、避難指示が出されていた双葉町や飯《いい》舘《たて》村などの外側に設置されている約二四〇〇台（福島県内では約三〇〇〇台が設置されている）の「リアルタイム線量測定システム」と呼ばれるモニタリングポストの撤去方針を出した。つまり福島市や郡山市、二本松市など放射能汚染に見舞われながらも避難指示が出されなかった地域にあるモニタリングポストを撤去するというのだ。

原子力規制委員会は、「東京電力福島第一原子力発電所事故当時と比較し、環境が変化してきている状況（環境中の放射線量の減少、除染や復興の進展等）を踏まえ、（中略）線量が十分に低く安定している地点を対象に、原則、線量の低いものから順に撤去」するとの方針である（「リアルタイム線量測定システムの配置の見直しについて」二〇一八年三月二三日訂正版）。くり返しになるが、現在も国が発した「原子力緊急事態」は続いたままなのにもかかわらず、である。原子炉から溶け出した核燃料も取り出せず、汚染水問題に象徴されるように原発からの放射能の漏出は現在も続いているのだ。

しかも、原子力規制委員会が「線量が十分に低く」という数値は、あくまで「比較的」という意味であり、原発事故以前の数値に戻ったというわけでは決してない。モニタリングポストが設置してある場所やその周辺には、セシウムなどの半減期の長い放射性物質がいまも存在している。たとえ、（放射線による人体への影響の度合いを表す）シーベルトやグレイといった単位で表示される放射線の値が「比較的」小さいとしても、放射能がなくなったわけではない。（放射性物質が放射線を出す能力を表す）ベクレルで放射能の濃度を測定すればすぐにわかることだ。

目に見えず、臭いもしない放射能の存在を目に見える形で知らせる意味もモニタリングポストにはある。だからこそ、ことあるごとに「風評被害」を唱える国や県などには、この放射能を可視化すること自体が、目の上のたんこぶとなっているのではないか。

安倍首相による「フクシマの嘘」

二〇一三年九月、東京にオリンピックを招致するために、アルゼンチンの首都ブエノスアイレスにまで出かけた安倍晋三首相は、国際オリンピック委員会（IOC）の総会で「フクシマについて、お案じの向きには、私から保証をいたします。状況は、アンダーコントロール＝統御されています。東京には、いかなる悪影響にしろ、これまで及ぼしたことはなく、今後とも、及ぼすことはありません」と、現実とかけ離れた「嘘」のスピーチをした。しかも、それが奏功したか否かは不明だが、二〇二〇年のオリンピック開催地は東京に決まった。

国のトップである安倍首相の「フクシマの嘘」に合わせるしかなくなった官僚たちは、福島を覆う放射能が、まるで「アンダーコントロール」されているかのように、表向きだけでも繕うしかない状況に追い込まれたという側面もあるかもしれない。モニタリングポストがなければ、オリンピックやそれに関連して来日する外国人の目にも放射能は見えない、と。

同じように、東京オリンピックの聖火リレーの出発地が福島県に決められたのも、安倍首相の「フクシマの嘘」を取り繕う忖度の延長と考えなければ、理解できないだろう。

政府が「復興の火」と命名する聖火は、福島県だけでなく、東日本大震災の被災地の岩手県や宮城県にも持っていくという。しかし、世界中から集まるメディアがカメラを向けるのは、聖火リレーの全行程ではない。ニュースとして世界中で放映されるのは、聖火の出発式と、それに絡んだ映像である。つまり「フクシマを走る聖火リレー」であるということは素人でも想像できる。

だからこそ、安倍政権にとって、聖火リレーの走る福島は、首相の言う「アンダーコントロール」を印象づける福島でなければならなかったと考えるのは常識の範疇だろう。

　そして、その演出の邪魔になる放射能の存在を可視化するモニタリングポストは、目に触れてはならない。そんな理屈の上に行なわれているとしか理解できないのが、モニタリングポストの撤去問題ではないのか。

　もちろん森友学園問題や加計《かけ》学園問題といった安倍首相に直接かかわる問題と同様に、日本政府による、恒常化した「隠蔽」「改竄《かいざん》」の蔓延が、モニタリングポストの撤去問題に現れていると思うのは私一人ではないはずだ。

　もっとも、このような批判は原子力規制委員会においても想定されていたのだろう。規制委員会はモニタリングポストの運用にかかる費用、年間約五億円の削減も撤去目的にあげている。しかし、約五億円という金額も、第2章でみるように、人の住まなくなった広大な地域で続けられ、すでに二兆六〇〇〇億円も費やしている除染に比べたらとるに足らない額である。

　しかも、モニタリングポストも運用費用も本来は、除染費用と同様に、放射能汚染を引き起こした東京電力に請求されるべきものである。市民の安全と安心を求める願いをないがしろにしてまで、モニタリングポストの撤去を強行する理由にはならないはずだ。

第2章　除染　目標なき公共事業のゆくえ

除染を行なっても

飯舘村から避難している阿部猛さんは、村の振興公社が環境省から請け負った除染作業に従事してきた。計画的避難で誰も住んでいない村に毎日通い、バックホー（油圧ショベルの一種）などの重機を操作し、放射能汚染された表土を剝《は》いできたという。

阿部さんが、福島市内の避難先から村内にある自宅に一時帰宅するというので、私も同行した。静かな山道の奥に、もう住むこともないだろう母屋や、四、五頭の牛を飼い子牛を育てた牛舎、タバコや花卉《かき》栽培で使った農作業小屋などが立ち並ぶ。これらは、阿部さんではなく別の作業チームが除染を行なったのだが、阿部さんが満足するような結果は得られなかったという。

私は阿部さんに「除染の仕事をしていると、除染に効果があるかどうか、わかってくるでしょう」と聞いてみた。阿部さんは即座に「わかるよ。いくらやっても（放射線量が）下がんない所は下がんないよ」と答えて笑う。

「そんなに簡単に（放射能は）消えないよ、（土などを）取ったからって。表面を剝ぐんだけど、全然ゼロになんかなんねえ。なくなんないよ、実際に放射能があるんだから。あと、この山の除染をやってないから、風が出たら、あの辺から舞って飛んでくるんだもん」

阿部さんは憤懣《ふんまん》のやり場を失ったような、諦めともつかない面持ちで自宅の背後の山を指さす。

「じゃあ、やっぱり除染してもお子さんやお孫さんはここには来られないのですか」と重ねて問う。「家の裏手の山の方に墓があるんだよ。でも、子どもや孫たちは、墓参りに来たからといって、家にまわってても車から降りないんだから。ちょっと降りて家に行ったとしても、また直ぐバーッと車に乗って行っちゃう。「どうせ来たって放射能あるから、ダメだあ」って言うから。まあ、来ても一〇分か一五分で帰っちゃうわ。ここには、いないわ」と苦笑する。

「じゃあ、除染してもあまり意味はないの」とストレートにぶつけてみた。

「ああ、意味がないな。ないって言うか、俺ら夫婦は歳とってるから何ともないけど、やっぱり町場《まちば》から来る人たちはダメだな。放射能に気をつけてるからな。(息子たちは)「将来、将来」って言うんだよ。ハハハ。「(子どもたちの)将来が不安だからダメだよ」って」とまた笑う。

孫たちが放射線の影響で「将来」病気になるかもしれないから実家にも上げたくない。だから車からも降ろしたくない。そう言う息子たちの気持ちもわかるだけに、家に寄って欲しいとのささやかな願いすら叶《かな》わず、放射能汚染を自嘲するように笑うしかないのだろう。

試しに農作業小屋の軒下の雨水が落ちる場所に測定器を近づけてみると、毎時三・五一マイクロシーベルト。原発事故前の七〇～九〇倍の値だ。除染が完了したはずの場所なのだが。

「除染神話」の形成

国策による公共工事ともいえる除染が福島県内の各所で始まると、住民たちの間には除染に対する期待が高まっていった。「自分の家は除染されてないから線量が高いままだ」「実は俺んとこも線量は高いんだ。だけど除染の対象からは外された」。そんな不満の声が出るのも、除染に対する期待があったからこそである。

しかし、そうした不満の声は、やがて除染作業のやり方へと向かうことになった。除染を終えた家からは、満足のいく放射能の低減効果が得られず、そのことに対して不満の声が漏れた。「俺んとこは手抜きだな。そんなに線量が下がってないもの」「除染したっていうけど、ダメだ。また元にもどちゃうんだから」。

住宅の壁や屋根に対する除染として雑巾《ぞうきん》がけが行なわれていた。しかし、除染が終わったという、ある家の瓦屋根には、色の濃淡としてくっきりと雑巾がけの跡が残っていた。それを指さして、家主は「どう見ても、手抜きだろ」と言う。しかも環境省には「再除染はしません」と言われて納得がいかない様子だった。

本格的な除染事業が始まる前の「除染技術実証試験（除染実証実験）」が開始された当初は、住宅に対して高圧洗浄による水洗いが除染として行なわれていた。ところが、これが漁民などからの反対によりできなくなった。屋根などを洗い流した汚染水が、下水管や側溝を通って川に、そして最終的に海に流れこんで水質汚染をより深刻化させるとの非難が出たのだ。もっとも、水洗いでも雑巾がけでも放射性物質を完全に取り除くことはできない。それどころか放射線の低減効果も住民が思っていたほどには得られなかった。

それでも、除染や再除染を求める声が絶えることはなかった。除染作業に対する不満はあっても、依然、除染そのものへの期待があったからだろう。それは、「除染幻想」あるいは「除染神話」とでも呼べるようなものとして、放射能汚染地帯に定着してしまったようにさえ思える。

除染の効果は「長期的目標」

ところが、環境省による除染に関する指針である「除染特別地域における除染の方針（除染ロードマップ）」（二〇一二年一月）には、最初から住民の求めるような除染の計画はなかった。たとえば、飯舘村の大半は、国の言う「避難指示解除準備区域」「居住制限区域」に当たる。その除染の目標は「平成二五（二〇一三）年八月末までに、一般公衆の年間追加被ばく線量を平成二三（二〇一一）年八月末と比べて、放射性物質の物理的減衰等を含めて約五〇％減少した状態を実現する」となっている。しかし、その一方で「除染等の結果として、追加被ばく線量が年間一ミリシーベルト以下となることを長期的目標とする」とも併記されている。

つまり、除染を進めたとしても、放射線量は「ゼロ」になるどころか、原発事故後の数値のおよそ半分にしか下がらないことを、除染を進める環境省（すなわち政府）は最初から知っていたのだ。「放射線障害を防止し、公共の安全を確保することを目的に制定された法律」（原子力規制委員会）である放射線障害防止法は、一般公衆の被曝限度量を「年間一ミリシーベルト以下」としているが、環境省はそれをあくまで「長期的目標」に過ぎないとしているのである。

たとえば、除染前に毎時四マイクロシーベルトだった住宅や庭が、除染によって半減して二マイクロシーベルトになったとしても、それは原発事故以前の放射線量の四〇〜五〇倍の値である。

だから、そこに暮らしていた住民が「放射線が下がった」という実感を持てるはずはなかった。

公共の安全を確保するはずの法律に規定された状態に戻すことが、「長期的目標」とされていることに不満・不信を募らせるのも無理のない話である。「長期的」という言葉に期限はないのだから。「俺たちを舐《な》めてるのか」といった避難住民の声も、私は何度となく聞いている。

それでも、確かに地面の表土を剝いだり、壁や屋根の雑巾がけをすれば、それによってセシウムなどの放射性物質が取り除かれた分だけ放射線量は下がる。しかし、ある住民は屋根を見ながらこう笑った。「除染を始める前に、放射能が降った屋根や壁は一年も二年も（放射性物質が）雪で削り取られたり、雨で洗い流されたりしてんだ。その後で除染といって雑巾がけをしても、新たに拭き取られる放射性物質はしれたもんだ」と。

逆に度重なる雨や雪でも落ちなかったセシウムなどは、屋根瓦の中に染みこんでしまっている。だから目の粗《あら》いセメント瓦やサビの出たトタン屋根などに染みこんだ放射性物質の微粒子を完全に除去することなど不可能な話なのである。

またセシウムは、地表のおよそ五センチメートルにほとんど留まる。表土の除染は、その分を削り取るという。しかし、現実には、テニスコートのように平らな地面などはない。一見、平らに見える水田ですらも、その地に立って見てみればわかることだが、表面五センチメートルの範囲で見るとデコボコしている。まして住宅周辺の地表には庭木もあれば庭石もある。一様に五センチメートルを削るなど不可能である。

除染という被曝労働

本格的除染が始まる前、二〇一一年の夏に「除染実証実験」が始まった。しかし、それ以前の、除染という言葉がまだ使われていないころから地面を剝ぎ取る公共事業は始まっていた。

二〇一一年五月、相馬市の山中の玉野地区。後に「原発さえなければ」との「遺書」を残して自死した酪農家の菅野《かんの》重清《しげきよ》さんが暮らしていた集落だ（詳しくは拙著『フォト・ルポルタージュ 福島原発震災のまち』岩波ブックレット、二〇一一年を参照）。ここは、隣接する飯舘村が全村避難となったのに対して、福島第一原発から五〇キロメートル以遠の相馬市だったために国の避難指示は出されなかった。しかし、高濃度の汚染に曝《さら》されているという点では飯舘村との違いはなく、小中学校の校庭の土を剝ぐ作業が行なわれていた。それは、国による除染でも、その実証実験でもなかった。作業員は防護服も着用せず、通常の作業服で作業を行なっていた。除染という言葉が知られる以前だったため、作業員自身も、自身の仕事が被曝に結びつくという意識が薄かったのかもしれない。

翌六月になると、大半の村民が去った飯舘村で、「除染実証実験」の一環として、ヒマワリにセシウムなどを吸収させるという栽培実験が始まった。鹿野《かの》道彦《みちひこ》・農林水産大臣（当時）が、テレビ局や新聞記者たちが向けるカメラの前で種蒔《ま》きをして除染への期待を煽《あお》った。

この時も、「セレモニー」を準備した農林水産省や福島県、飯舘村の職員も、さらには取材する報道陣も防護服を着用してはいなかった。目に見えず、臭いもしない放射線を浴びながらの作業であり、取材だった。その後、除染が開始され、白い防護服を着て作業が行なわれるようになったことを考えると、こうした「セレモニー」も放射能を過小評価させる一因になったと言えるだろう。「セレモニー」の写真や映像を観た人々が「放射能の危険性はたいしたことはない」と受け取った可能性も否定できない。本来なら、五感で感じられない放射能への対策を講じるための実験であり、その取材なのだから、より自覚的に、その危険性を可視化しなければいけなかったはずである。

結局、この実験でヒマワリを使った除染には効果のないことが判明した。しかし、そのことはあまり報じられずに、むしろ除染という言葉が広がることになった。あたかも除染が可能であるかのような幻想がふりまかれていった。そして、この幻想をふりまくように「除染実証実験」が各地に広がっていった。南相馬市の学校前の通学路を、除染と称して水洗いする作業員の写真を私も撮影したことがある。そこに写る作業員も原発事故前と同じく通常の作業着を着ていた。

飯舘村で、白い防護服を着用した作業員による「除染実証実験」の様子を私が撮影したのは、その年の夏になってからだった。すでに半減期八日間の放射性ヨウ素131はほとんど消えてから、マスクや防護ゴーグルをつけ始めたのだから本末転倒でもある。そもそも、「防護服」といっても、この服がセシウムなどが発するガンマ線の防護に役立つわけではない。また、吸引防止用マスクは、ヨウ素131への対策だが、いま述べたように、この時点ではほとんど消えていた。おそらく作業員は、そうしたことも知らされていなかったのだろう。

原発事故から七年以上を過ぎた今でも、墓参りなどで訪れる避難者が封鎖された帰還困難区域に一時立ち入る際には、スクリーニング会場で防護服やマスクが配られる。もしかしたら、作業員だけでなく、福島にかかわる多くの人々も同様にそれらの効果の実態をよく知らないのかもしれない。

もっとも、防護服は、放射性物質が着衣に付着したり、あるいは放射性物質を車内や住宅内などに持ち込んだりすることを防ぐ効果についてはゼロではない。だから除染作業員が防護服を着用して作業を行ない、昼食や休憩の時に休憩施設に入ったり、車に乗ったりする際に、それを脱ぎ捨てることにはそれなりの意味がある。ただし、そのためには、一日に三、四着もの防護服が必要となる。しかも、このように使い捨てられる防護服は、汚染廃棄物として管理するために処理場に運ばなければならない。その数も日に何万着にものぼることになるだろう。

しかし、そこまでしても、ベクレルで表示されるような放射性物質による内部被曝の軽減にはなっても、シーベルトで表記されるような、四方八方から飛んでくるガンマ線による放射線の外部被曝には対処できない。その意味では、除染は現場作業員に被曝を強いる非人間的、非人道的な施策と呼んでもいいだろう。

「仮置場」「仮仮置場」「仮仮仮置場」

除染という公共事業は、原子力を推進してきた人たちによって開始された。前述の環境省の「除染ロードマップ」が示すように、彼らは除染の危険性も不可能性も知っていた。

その一方で、放射能汚染によって、ふるさとを追われた人々は、自分や家族の被曝を恐れて除染を求める。これは当然の気持ちだろう。しかし、その結果、より弱い立場の作業員に被曝を伴う作業を押しつけることになる。本来は、両者とも、放射能汚染の脅威に曝されている者としてともに歩まなければならないはずの市民どうしである。除染はそうした絆《きずな》をも分断する役割を果たしているのではないか。私には、そう思えてならないのだ。

除染が危険な作業であり、効果がないことがわかってきている現在でも、原発事故の被災者から除染に反対する声はほとんど聞かれない。戦時下の日本では、戦争に反対する声をあげることは不可能に近かったと聞く。その背景には権力による統制・弾圧だけでなく、自主規制や、市民どうしの猜疑《さいぎ》心もある。国策による除染が開始された時点で、この戦時下と同様な「空気」が福島に限らず、日本全体をも覆ってしまったのではないか。除染を疑問視したり、これに反対したりすることが、「復興」を望んでいないかのようにされる「空気」である。

除染で集められた土や草木などの放射能汚染物質はフレコンバッグに積み込まれていった。除染が行なわれている地域では、こうしたたくさんのフレコンバッグを積み上げた「仮置場」が無数に見られるようになった。除染による放射性物質の中間貯蔵施設への移送が決まるまで、当面の間、置かれるという意味で、「仮置場」と名づけられていた。

しかし、中間貯蔵施設への移送が終わるのは、いつになるのかわからない。「仮置場」用に土地を貸すことを要請された住民は、当然、躊躇する。すると、国や行政は、「仮置場」に搬入するための一時的な仮の用地、すなわち「仮仮置場」として土地を借り受けた。ところが、「仮仮置場」もフレコンバッグで埋め尽くされていく。そして限られたケースとはいえ、「仮仮仮置場」までつくられた。冗談のようなことが、国策によって推進されていたのだ。

こうして集められた汚染土壌は、福島県内だけでも推計約二二〇〇万立方メートルにも及ぶ。約一八六万人の福島県民一人当たり一一個以上のフレコンバッグを抱えている勘定になる。

除染工事まっただ中のある日、飯舘村のある共同墓地に墓参りに訪れたお年寄りが、目の前に広がる「仮仮置場」を見ながら「三〇〇年に一度の村の大掃除だ」と皮肉を込めて笑った、その顔が忘れられない。放射能は見えなくても、除染によって、伸び放題だった雑草がきれいに刈られた田畑は、放射能が降る前の風景を思い出させたのだろう。

こうして福島の至るところで繰り広げられた除染も、二〇一七年度には「完了した」ことになった。環境省の「除染情報サイト」によれば、「市町村、県、国等は、この計画に基づき除染を実施し、平成三〇(二〇一八)年三月一九日までに帰還困難区域を除く全ての面的除染が完了しました」とある。にもかかわらず、それ以降も各地では、除染作業の光景が見られる。どうも、同じ作業でも、これは「除染」とは呼ばないらしい。「再除染はしない」という立場をとっているためか、「フォローアップ除染」(環境省)などと名づけられている。もはや、私の理解を超えている。だからこその「国策」なのだろうか。

除染したのに解体

国による「完了」宣言にともない、確かに大規模な除染は終了した。すると今度は、至るところで建物の解体工事が見られるようになった。これらを請け負うのは、膨大な税金を投入して行なわれた除染事業に参入した土木業者などである。除染によって、きれいになったはずの住宅や農作業小屋、牛舎などが、次々に公共事業として解体されつつあるのだ。

避難者たちは言う。「外側は除染されたと言っても、何年も住んでない家の中はカビ臭くてもう住めない」「もうふるさとの家に帰って暮らすことはないんだから、朽《く》ち果てるのを見るのも忍びない」「子どもも孫も村に帰るつもりはないし、こっちも帰らせるつもりもないから、年寄りの自分だけ帰って、あと一〇年くらい暮らすだけなら小さい家に建て替えようと思って」。

また、七年以上におよぶ避難生活の間に歳をとり、農作業ができなくなった人もいる。あるいは、除染されたとはいえ、そこで栽培された農産物を食べたり、出荷したりすることへの不安から農業や畜産の再開を断念した人が大半だ。その結果、彼らは、作業小屋や牛舎などが、使わないまま朽ちていくよりも解体してしまったほうがいいと考える。

しかも、個人所有の建物でも、除染と同じように復興促進事業として環境省が解体してくれるというのだ。しかし、「除染でもきれいにはならない」、あるいは「除染しても、やはり使わない」というのなら、なぜ除染の前に解体されなかったのか。逆に除染できれいになったのなら、たとえ解体するにしても、それは「受益者」である個人が解体業者に依頼するなどして行なうべきものではなかったか。もちろん「受益者」といっても、被災者に「益」などあろうはずはない。

すなわち、最初には国策としての除染が推進され、それが「完了した」後には、同じく国策として建物の解体が進められているという構図だ。

住民たちが、放射能汚染された住宅などの解体を求める気持ちはよくわかるし、正当なものである。土地を、建物を汚した加害者は、まぎれもなく東京電力だ。であるなら、本来は解体費用も税金によるのではなく、東京電力に求めるべき事柄ではなかったのか。もちろん未曽有《みぞう》の事態に直面している住民の健康を守るのが第一義である市町村などの行政が、東京電力に対しての請求をサポートすることが当然であるとしても、だ。

確かに国策として原発が進められてきたのは事実だとしても、加害企業の東京電力に被害者への賠償責任があることもまた当然の理だ。ところが、東京電力は「今後、住民の方から請求があれば誠実に対応していきたい」と繰り返しながら、現実には被害者に「誠実」に向き合っているとは言いがたい。いや、むしろ「誠実な対応」が言葉だけに過ぎないことを証明するような態度で被害者に接している。

たとえば、被災住民が集団で損害賠償の増額などを求めて訴えてきたＡＤＲ（裁判外紛争解決手続き）でも、国の原子力損害賠償紛争解決センターの和解勧告の受け入れを東京電力は次々と拒否している。そのために、ふくしま原発損害賠償弁護団によれば二〇一八年だけでも六件ものＡＤＲが打ち切られている（『福島民報』二〇一九年一月一九日付）。

しかし、国も行政も住民をサポートするのではなく、むしろ東京電力をサポートするかのように映る。煩雑な手続きから解体工事まで行政が引き受けることで、結果的にではあるが、住民の不満や怒りが東京電力に向かうのを鎮める役割を果たしてきた。東京電力をはじめ、原子力を推進してきた「原子力ムラ」に対峙《たいじ》し、責任を追及するのではなく、広く国民から集めた税金で対処することで、「除染」「解体」という矛盾も隠蔽されていった。

新たな「安全神話」

除染費用は二〇一七年度までに累計三兆二五三二億円にのぼる。この莫大な税金の投入で、少しは福島県民の健康が増進し、福島は安全になったのだろうか。

もちろん安心した人たちも少なからずいる。なぜなら、「安心」は個々人の心理的なものであり、「除染したから大丈夫」と繰り返される政府広報や県、自治体のアナウンスなどによっても一定の「安心」は得られる。しかし、言うまでもなく、「安心」は「安全」を担保するものではない。そうしたことも、私たちは原発事故によって「安全神話」が崩壊したことで学んだはずである。ところが、すでに別の「安全神話」が形を変えて復活しているように思えてならない。

その「安全」の実態(逆にいえば、それは「危険」の実態でもあるのだが)について調査を続けている人が、飯舘村の高濃度に放射能汚染された地域にいる。自称「モニ爺《じい》」こと、伊藤延由《のぶよし》さんだ。「モニ」とはモニタリングの略である。伊藤さんは、自ら放射能測定をしながら暮らしている。

伊藤さんが飯舘村に住み込んだのは二〇一〇年。かつて勤めていた東京のＩＴ企業が農業研修所を開所すると、その付属の田畑を含めた「管理人兼農業見習い」として村に住むことになった。

伊藤さんは振り返る。「孫に無農薬の安全で美味しいコメを食べさせたいという願いがかなっただけじゃないんですよ。ニホンミツバチの蜂蜜、あるいは高級キノコのイノハナ(香茸《こうたけ》)や松茸はもちろん、いろんな知らない野生のキノコや山菜も、それこそ売るほど近所の方々からいただいて、自然の恵みの豊かさを実感した。あの一年は本当に夢のようだった」。

しかし、その「桃源郷」に降った放射能にすべてを奪われた。しかも、事故の責任を口にしながらも、賠償交渉で接する東京電力の対応は、「加害者が被害者の損害を勝手に決める姿勢」にほかならなかったという。そうした姿勢が、伊藤さんの怒りの火に油を注いだ。

伊藤さんは言う。「今年（二〇一八年）三月まで支払われていた月一〇万円の賠償だって、東京電力は「避難生活等による精神的損害」と言っていたのに、避難先の上下水道代金だって、火災保険料だって、その一〇万円に含まれるって言うんですよ。それじゃあ精神的賠償じゃないじゃないですか。私の場合は、避難する前には一円もかからなかった費用なんです（農業研修所の住み込み管理人だったので、水道代など光熱費や、火災保険料などの管理費の一切は会社が負担し、管理人の伊藤さんの支払いはなかった）。いま住まわせてもらっている友人の家の暖房の薪《まき》代だって、放射能に汚染される前は里山で採ってきて、タダだったんだから」。

伊藤さんが放射能の測定を始めたのは、原発事故発生直後に、村が避難区域となることに躊躇し、避難を遅らせた村の姿勢に不信感や憤りを感じたことも一因だという。しかも、想定外ではあったのだが、前述の農業研修所が大いに役に立った。原発事故後、京都大学原子炉実験所の今《いま》中哲二《なかてつじ》助教（当時）を団長とする放射能測定チームが、大人数で飯舘村などを調査する際に宿泊施設として提供することができたからである。放射能の専門家である今中助教はもとより、その縁から放射能や動植物に関する専門家との出会いが生まれ、彼らの助言や指導、また測定機器の提供を受けて放射能測定が可能になったのだ。

それ以降、伊藤さんは「モニ爺」と名乗り、放射線量だけでなく、土壌や樹木、キノコ、山菜、野菜、さらには空気中に漂う放射性物質に至るまで幅広く、継続的に放射能測定を続けてきた。

「食いしん坊だから、基本は人の口に入るものがどうなのか調べてる。国や行政が言う「安心・安全」が本当かって」と苦笑いしながらも本気の表情がうかがえる。

国や行政が一体となって、避難指示区域へ避難者の帰還を促すための除染が始まったころには、放射能測定を続ける意味をこう言っていた。

「村人が戻ってきた時に、村のキノコや山菜なんかは食べたり、使ったりしてはいけませんよということを証明したい。村は放射能汚染がなかったかのごとく「帰りなさい、帰りなさい」って言ってるけど、避難民が村に帰った時には、事故前には当たり前に食べていた物が、すべて汚染されているんですよっていうことを、事実として証明したい。

たとえば、この柏餅《かしわもち》にする柏の葉っぱも一六八ベクレル。震災直後なんかに比べたら随分下がりましたけど。まあ柏餅の柏の葉は食べませんので（国が出荷制限としている）一〇〇ベクレルにこだわる必要があるかどうかは別ですけれども。いずれにしろ私が言いたいのは山の緑、山の木々の葉には全部、セシウムが入ってるってことです」

伊藤さんの言葉には怒りが込められていた。

除染も終わり、実際に避難指示が解除され、たとえ二割に満たないとしても村人が帰ったいま、伊藤さんはこう指摘する。

「いま住んでいるここは、避難指示の解除から一年目（二〇一八年）の四月三日に地上一メートルで毎時一・四八マイクロシーベルト。地上一センチなら一・八三マイクロシーベルト。そこの土壌が一キロ当たり一万八五八六ベクレルで、そこで採ったフキノトウが三一・二ベクレル。出荷基準を満たしていますが、私は食べません。そして、そこから直近の村道の脇は地上一メートルで一・二〇マイクロシーベルト、一センチだと二・〇三マイクロシーベルト。土壌が二万八三二三ベクレル。そこのフキノトウは一一一・八ベクレルもあるんです。しかも他に村内七カ所で調査して似たような結果が出ています。環境省が除染したという地域ですよ。除染が完了したからと、避難指示が解除されて、子どもたちも住めば、年寄りだって死ぬまで住むところです」

何度も伊藤さんのもとを訪れている今中哲二さんはこう解説する。

「法律ではセシウム137の場合は一グラム当たり一〇ベクレル、かつ数量が一万ベクレルを超えた場合には、放射線障害防止法に基づく放射性物質として認定される。だから、ここでは法律の想定外の事象が起きている。厳密な適用は無理だと思う」

重ねて私が「放射線障害防止法を厳密に適用すれば、この辺に人がいてはいけないということですか」と問うと、今中さんは、村に帰って住むか、住まないかは政治や、あるいは住民が判断することとしながらも、こう答えた。

「法的には、ここが放射線障害防止法や、原子力規制法の対象になるか、どうかということでしょう。もし、その法が適用されるのであれば、ここは（住むには）適さないということは明確に言えると思います。福島市にしろ、いわゆる放射線管理区域基準を超える汚染というのがあっちこっちに沢山あります」

国策による除染が続く間，作業員の被曝労働も続く．**2016 年 3 月 26 日**　飯舘村

「仮仮置場」に搬出されるフレコンバッグが並んだ．**2016 年 5 月 19 日**　飯舘村

全国紙にも帰村を呼びかける広告を出したと誇らしげに微笑む飯舘村の菅野典雄村長.
2017年3月31日　飯舘村

「いいたて村の道の駅 までい館」の広場には，静岡県の彫刻家のブロンズ像も.
2017年9月18日　飯舘村

仮仮置場」の間をめぐった．　2018年5月3日　飯舘村

10年ぶりに例大祭が開かれた神社を出発した神輿は、農地保全のために植えた菜の花と汚染

「根っからの百姓だから農業やんのが一つの生き甲斐だな」と佐藤忠義さん.
2018 年 6 月 29 日　飯舘村

山車，神馬，神輿など約 120 人の行列が「仮仮置場」をめぐるように村内を練り歩いた.
2018 年 5 月 3 日　飯舘村

除染した田んぼの土壌サンプルを採取する伊藤延由さん(右)と友人の馬場広行さん.
2017 年 5 月 31 日　飯舘村

放射能汚染土壌を見ながらでも，避難先から帰って初めての稲刈りに期待が膨らむ農家.
2018 年 10 月 7 日　飯舘村

「村に戻る人が大きなプランターを買ったんだって．畑があるのに」と避難者たち．
2017 年 9 月 19 日　伊達東応急仮設住宅

約 100 世帯が暮らしていた仮設も退去日が迫り，30 世帯ほどになって寂しくなった．
2018 年 11 月 9 日　伊達東応急仮設住宅

伊達東応急仮設住宅に菅野榮子さんを訪ねたアレクシエービッチさん．
2016 年 11 月 26 日　伊達市

「自然の中での生活は大変だけど光があったよね．それが全て汚染された」
2015 年 5 月 27 日　伊達東応急仮設住宅

のようだ.　2018 年 10 月 9 日　飯舘村

サルたちは人間を恐れなくなりつつあるのか，カメラの望遠レンズを車窓から出しても意に介

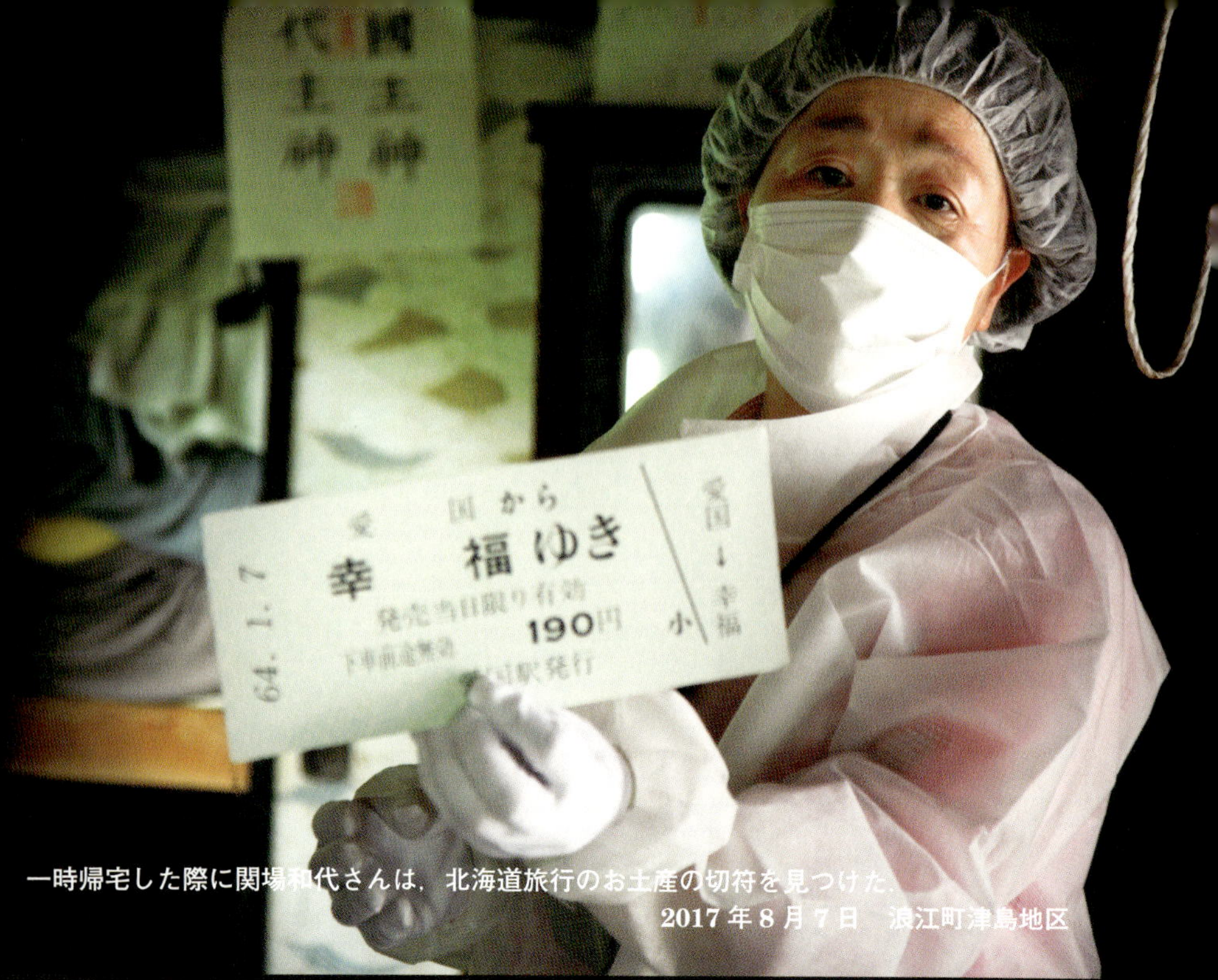

一時帰宅した際に関場和代さんは，北海道旅行のお土産の切符を見つけた．
2017年8月7日　浪江町津島地区

我が家に立ち寄った関場健治さんの被曝線量は，毎時10マイクロシーベルトを超えた．
2016年8月10日　浪江町津島地区

全村避難を知って自死した大久保文雄さんの遺影(左)の前に立つ嫁の大久保美江子さん．
2013 年 3 月 3 日　飯舘村

東京電力が故大久保文雄さん宅を訪れ，仏壇に手を合わせた．2018 年 4 月 5 日　飯舘村

ソバの花の向こうのフレコンバッグを見つめる元酪農家の長谷川健一さん．
2017 年 9 月 18 日　飯舘村

ソバを収穫する長谷川健一さんと花子さん．その奥に「仮仮置場」のフレコンバッグが
2018 年 10 月 7 日　飯舘村

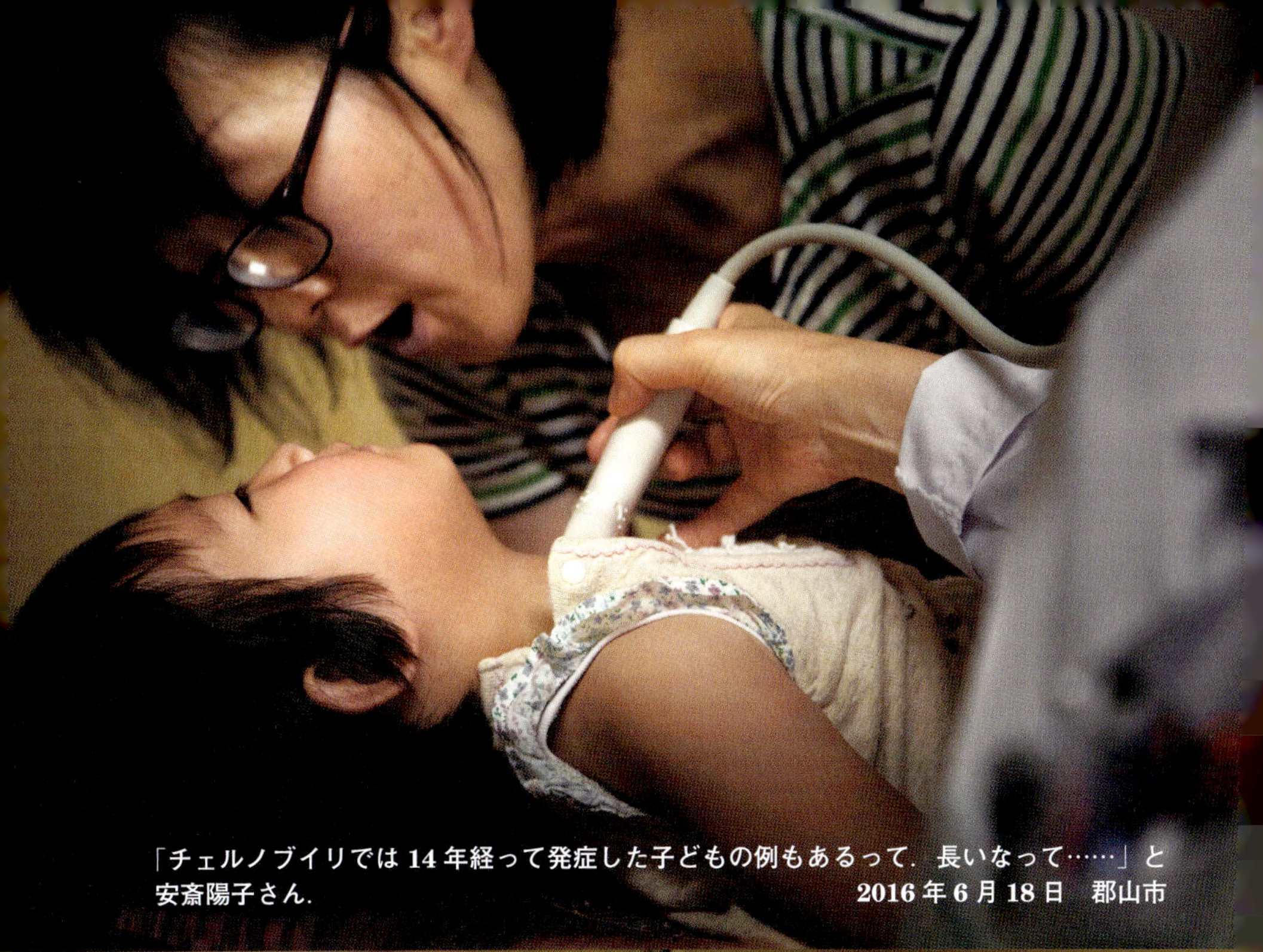

「チェルノブイリでは 14 年経って発症した子どもの例もあるって．長いなって……」と安斎陽子さん．
2016 年 6 月 18 日　郡山市

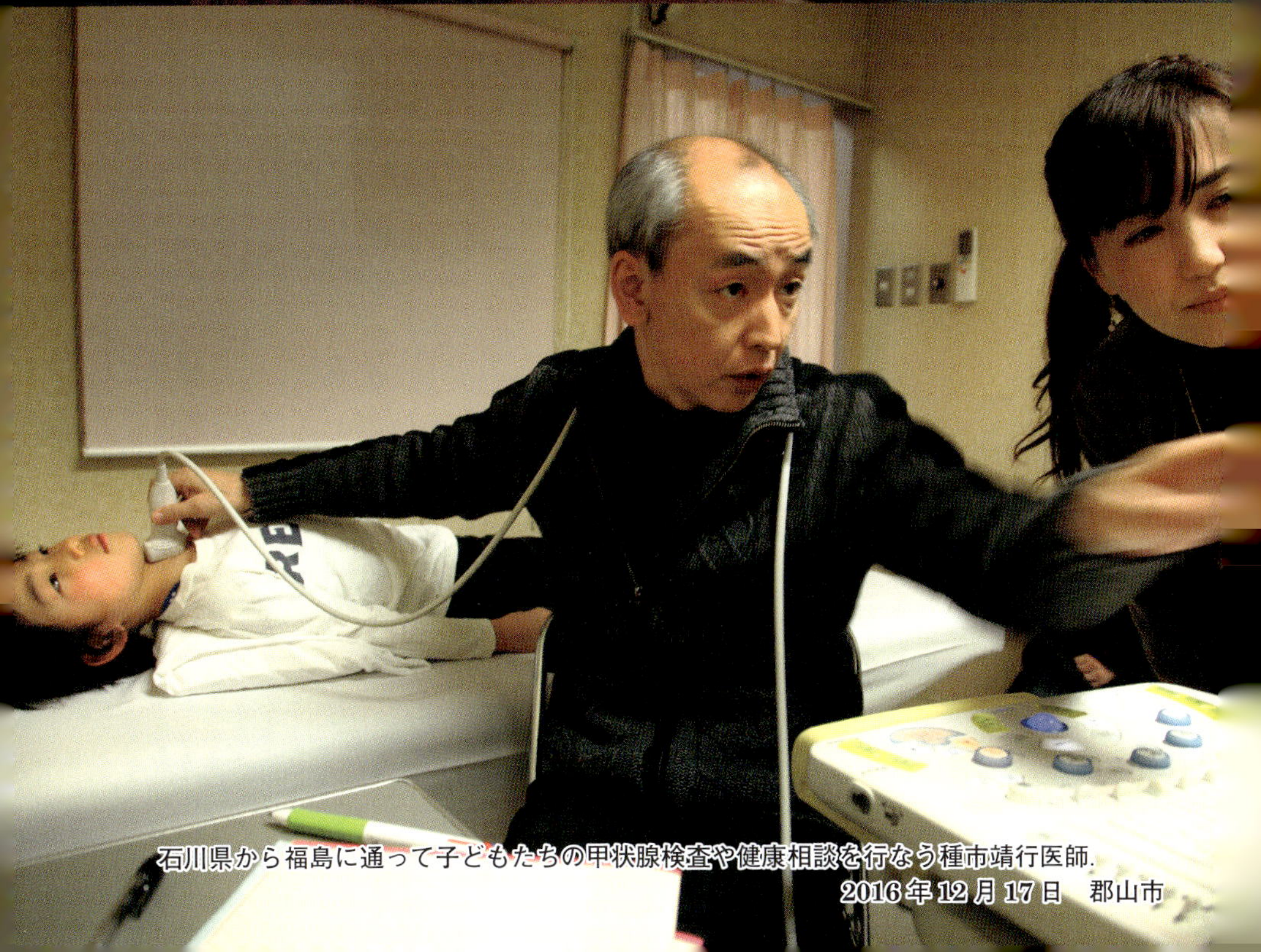

石川県から福島に通って子どもたちの甲状腺検査や健康相談を行なう種市靖行医師．
2016 年 12 月 17 日　郡山市

さん．その後，飯舘村の避難指示解除直後に帰村して永眠．　2014 年 9 月 26 日　川俣町

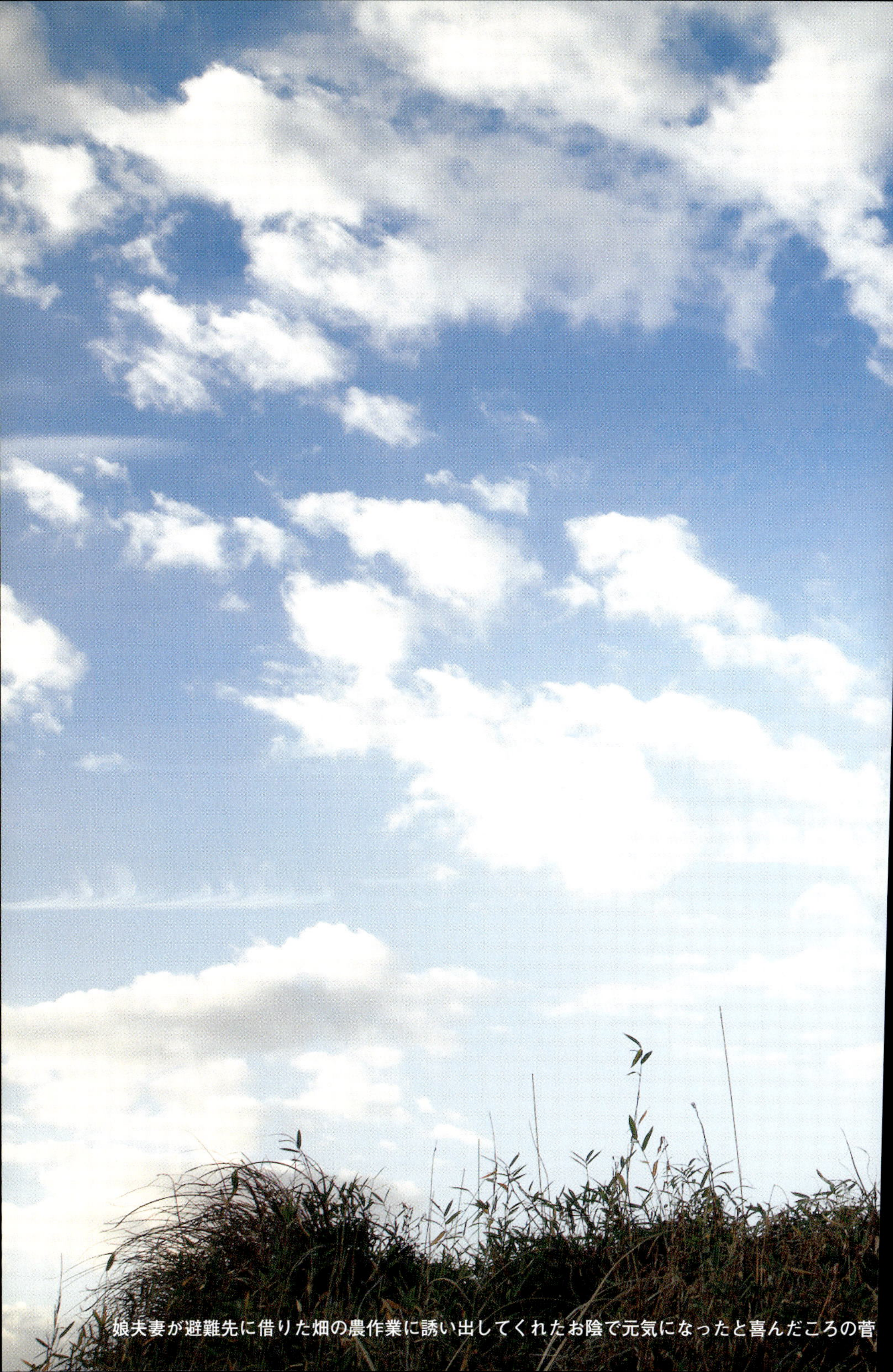

娘夫妻が避難先に借りた畑の農作業に誘い出してくれたお陰で元気になったと喜んだころの菅

田んぼの中を除草に走り回るトラクター．汚染土壌の山に朝日が当たる．
2018 年 10 月 18 日　飯舘村

第3章 「復興」がつくる新たな「安全神話」

「復興」という名の建設ラッシュ

原発事故から六年が経った二〇一七年三月末、福島県内の「帰還困難区域」（年間被曝量が五〇ミリシーベルトを超えるとされる地域）を残し、より広範囲を占める「避難指示解除準備区域」「居住制限区域」の避難指示が一斉に解除された。

福島第一原発から三〇キロメートルも離れているにもかかわらず、高濃度の放射能に汚染された飯舘村も、二〇ある行政区の一つを除いて大半のエリアで居住が許されるようになった。

それに合わせるかのように、村では次々と施設のリニューアルや新築が相次いだ。

避難指示解除の前年に、村の中心部にあった公民館が解体された跡地に、「飯舘村交流センターふれ愛館」が新築オープンした。また、避難指示の解除から五カ月後には「いいたて村の道の駅 までい館」がオープンした。飯舘村商工会館が建て替えられたのは、その一年前、二〇一六年七月のことだ。

また二〇一八年には、村立中学校の校舎を全面的にリニューアルし、小学校の体育館や認定こども園を新築した。それらに隣接する村営グランドも全面的にリニューアルし、村営体育館も新設されていった。同年にはこれらと並行して南相馬消防署飯舘分署や南相馬警察署飯舘駐在所も建て替えられた。そしていま、村営住宅や各行政区の集会所、あるいは消防団分屯所も次々と村内各所で新築されている。

こうした、いわゆるハコモノ建設は、「復興へのインフラ整備」とされている。その効果があってか、飯舘村の帰村者は、避難指示解除から一年半後の二〇一八年一一月一日の段階で八二〇名。これは全村に避難が命じられた際の村民約六三〇〇名の一割を超えている。

二〇一八年四月、村内に開校・開園した真新しい小中学校とこども園に子どもたちが通い始めた。子どもたちには、世界的なファッション・デザイナーとして知られるコシノヒロコさんがデザインした制服が村から無料で提供された。また「教育無償化」を先取りしたかのように、給食費やＰＴＡ会費はもちろん、修学旅行費用にいたるまで教育にかかる費用は一切が無料だ。そうしたことも影響してか、通学する園児・児童・生徒数は、村や教育委員会が当初予想した数の二倍となる一〇四名にのぼった。同時期に避難指示が解除された他の近隣自治体で再開、開校された学校やこども園に通う子どもたちの人数を圧倒している。

しかし、ここで留意しなければならないのは、子どもが「村内の学校に戻った」ということが「村に戻った」ということを意味していないということである。村内の家から学校に通う子どもは四名、他の一〇〇名はスクールバスで一時間から一時間半かけて福島市などの遠方の避難先から通っている（二〇一八年四月開校時）。それは、除染や「インフラ整備」では、村民の望む「放射能の降る前の村」には戻らないという現実の反映でもあるのだろう。

モニタリングポストへの不信と行政への怒り

原発事故直後の二〇一一年三月、私が村に最初に取材に入ったころと比較すれば放射線量はかなり下がっている。しかし、それは除染の効果というより、放出された放射能の約半分を占めた半減期八日間の放射性ヨウ素が消え、半減期二年のセシウム１３４が一〇分の一にまで自然減衰したことによる。しかし、残るセシウム１３７の半減期は三〇年。そのセシウムによる放射線は、今でも高い場所では毎時一マイクロシーベルトを超える。そして村の約七五％の山林は、それ以上の放射能に覆われている。しかも、山林以外にも、「ホットスポット」と呼ばれる、強い放射線が飛び交う場所は村の至る所にある。被曝の許容限度量とされる年間一ミリシーベルト、それをもとに換算された毎時〇・二三マイクロシーベルトを下回る場所は、村の中にはほとんどないのが現状だ。もっとも、この毎時〇・二三マイクロシーベルトという基準自体が、原発事故前の放射線量の四〜五倍の値であり、容認できない村民も多い。

また、放射線量を確認するために国や村が設置したモニタリングポストが表示する数値が、実際の放射線量を表していないのではないかという不信感も村人の間には蔓延している。「私の線量計で測定した数値より低く表示されているんですよ。誤差というなら高い場合もあるはず。でも、モニタリングポストの数値は、いつも必ず低いんです。おかしくないですか」と、ある住民は言う。

しかし、こうした住民の間に広がった不信感に応える努力を環境省や村当局が払っているように見えない。そのため、モニタリングポストに対する不信は行政不信にもなっている。「国も県も村も安全としか言わない」と。行政はテレビや新聞の取材に対して「風評被害をなくす」といったことを強調する。そう強調すればするほど、村民たちからは「風評被害ばかりじゃないんだ」といった嘆息や、「風評被害じゃない。実害だ」といった反発の声が広がっていく。全村避難を強いられた住民たちは金銭ではあがなえない実害を被っている。その実害は、避難指示が解除された後も続いている。ふるさとを失った喪失感や、家族をバラバラにされた怒りや不安は消えることがない。

「風評」か「実害」か、揺れる心

もっとも、原発事故から七年以上が経ち、住民たちからも「風評被害」の言葉が聞かれるようになった。テレビや新聞などを通して、何度も繰り返されてきた言葉は、いつの間にか住民たちの間に浸透し、彼らもつい「風評被害」と自然に口にするようになったのかもしれない。あるいは、「実害ではなく、風評被害であってほしい」という一筋の希望にすがりつきたいという住民の心情もあるだろう。「風評被害」には何の基準もない。そのため、実体のない、この曖昧な言葉は、住民たちに分断をもたらす役割をも果たしてきた。

たとえば、自分でコメや野菜をつくったり、山菜やキノコを採ったりしてきた人たちは、そうした収穫物の放射能が「ND（不検出＝検出限界値以下）」とならない現実を知っているし、強く意識もしている。国の農産物の出荷制限の基準は、一キログラム当たり一〇〇ベクレルだが、これが安全を担保するものではないことも彼らは知っている。しかし、その一方で、この出荷制限基準を「国によるお墨つき」として、これに依拠したいという心理も働く。その狭間で心は揺れ動く。

自分や家族が食べる場合には、放射能はＮＤでないにしても、より低い値を求める。その一方で、自分が生産したり売ったりする場合には「そんなこと言っていられない。国がいいと言ってるんだから」との思いもわく。「本当に安全なのか」という疑問に蓋《ふた》をしたい心理が働くのである。そして、そのことを自分でも気づいているが故に、笑ってごまかして自嘲しようとする気持ちも心の中にある。

避難指示が解除される前の二〇一六年夏、飯舘村の年寄りを自称する男たちが集まった場でこんな会話をしていた。

Aさん「ウチのカミさんに「俺がコメつくったら、お前のお袋は喰うのか」って言ったら、「いんねえ（いらない）」って」

Bさん「いや、町場に出て行ってる親戚なんかが、正月やお盆で福島に帰ってきて、お土産もらうべさ。それを帰りのサービスエリアでぶん投げて（捨てて）んの、みんな。本当は土産の野菜や果物なんかもらいたくなくても断れないから、しょうがなくてもらうんだけど、投げる人が多いんだって、やっぱり。野菜でも果物でも」

Cさん「俺の孫らが（福島県中通りの）西郷村に避難してたとき、西郷村の人たちがコメさ、他所に出荷して、自分らは北海道から買って喰ってんだとよ。（飯舘村より放射能がはるかに少ない）西郷村ですら自分と子どもは県内産を買わねえとか騒いで」

Dさん「ほんだから、今だって子どものいる人は水買って飲んでるとか、聞いたよ。あの、いわき市の四倉《よつくら》にいる人たち。オラの子でさえ、今だって水買ってんだぞ」

Aさん「だべえ。水買って飲んでる。水道の水、飲まねえで。子ども、小さいからって」

もちろん、この会話の内容がすべて本当のことというわけではない。噂の域を出ないものや、デフォルメされた話もあるだろう。しかし、私にはここに、農業生産に携わってきた人たち、自然とともに生きてきた人たちが、奪われた誇りを取り戻せないでいる悔しさと哀《かな》しみが見える。しかも、そんな感傷に浸る間すらないように、言い換えれば、帰村するか否かを迷うことすら許されないように帰還政策はどんどん進められていく。

佐藤忠義さんは、そんな状況のなかで、飯舘村に戻った農業者である。先の会話のAさんは佐藤さんである。佐藤さんは言う。

「農業なんていうのは、ほんとうはやりたくないのよ。やりたくないわよ、七五歳にもなってんだから。オラは後期高齢者。ほんとは〝賞味期限〟きたんど。なんだって、ほんに。のんびりして、こう優雅に過ごしていたほうがいいんだけれども、これだけの農地、誰が手入れするの。三〇ヘクタールも。それでも、自分が若いとき、一所懸命に農地開発したんだから。二〇年間もお金をかけて、やった農地。誰が管理するの」

「草を刈って管理しておくの。何にすっかわかんないけれども。それが、大変なんです」。そんな畑仕事を続けても、その先はまったく見通せないという。「誰かが跡継ぐなんて、ほんなことは考えてねえ。そんなことは考えたってしょうがねえ。息子に言ったってわかんないから。説得力がないもんな。黙ってりゃいいけれども、息子に話すと「七五歳にもなって、親父、寝ぼけてんじゃねえよ」なんて言うから」。そう言うと自嘲するように笑った。

それでも自分を鼓舞するかのように続ける。「ほんでも、できるうちは残さないと。ダメだ、ダメだと言ってたんでは、ダメだから。やっぱりダメなら、何とかしなきゃ」。

「帰還」の押しつけが切り捨てるもの

一方で、住民たちの間には、帰還できることそのものへの批判は、ほとんど聞かれない。そこには諦めに似た気持ちもあるのかもしれない。「いつまでも仮設に暮らしていたいわけでない」「宙ぶらりんな気持ちに踏ん切りをつけなければならないから」と誰しも言葉にする。でも、その後に「しかし」と続く。「私たちの責任で避難したわけでもないのに」「俺らは何にも悪いことしたわけじゃない」と。

突然に放射能に襲われ、そして避難を命じられ、さらにいま自分たちの思いや願いが聞かれることもなく、帰るのか帰らないのかと判断が迫られる理不尽さに強い憤りがわいてくるのだ。

もちろん、行政はけっして「迫る」ような言い方をしているわけではない。しかし、戻る者には手厚い支援策を用意する一方、戻らない者には引き続き「支援」するようなことを唱えながらも、現実にはこれまでの支援すら打ち切る政策が進む。避難解除と同時に避難先の住宅補助が打ち切られたとき、ある子育て世代の男性の言った言葉が思い出される。彼は「自分たちも自主避難者になってしまった」と嘆息した。すなわち、国・行政の命令で避難をしたのに、帰村しないと、今度は「自分たちで勝手に避難している」ことになってしまう。

避難をしていた七年半の間に、避難先に職を得た者もいれば、新しい住宅を買ったり建てたりした者もいる。子どもたちが避難先にある近隣の学校に通い始めた親たちなどもいる。それぞれに「戻れない事情」があるのだ。彼・彼女たちからすれば、現在の帰還政策は自分たちを切り捨てているようにしか見えない。「戻る者には支援があっても、戻れない者、戻らない者には何もしない。まるで、戻った村民だけが村民みたいに。俺だって村民なのに」といった声が聞かれる。

もちろん、誰もが期限のない避難をよしとしているわけではない。ただ、表向きには「住民との対話」の大切さをアピールしながら、それとは裏腹に、「帰還こそが唯一の選択肢」という既定事項を押し通すような行政のあり方に、異議を申し立てたいのだ。

一人で仮設住宅に暮らす八三歳の菅野榮子さんはこう言う。「帰れないところに、「帰りたい」って言う気持ち、わかりますか。帰れる所に帰りたいなら問題はないけど、本来、帰れない所に帰りたいというのが年寄りの心境だよ。帰れない所に帰すっていう線で、国と村はやってるわけだべ。孫が帰って来れない所に帰りたいっていうのが、ばあちゃんたちだべ。だから、そこに家族の分断が生じるわけでしょう」。菅野さんたち村民の複雑な思いを国や県、そしてふるさとである村はどう聞くのか。「帰還」という選択肢だけを押しつけることは、彼・彼女たちが受けた原発事故による被害の上に、さらに苦悩を増やすことにしかならないのではないか。

「復興」が隠蔽するもの

このように福島に生きる人たち一人一人の思い、事情は多様であり、複雑である。しかし、それらに目を向けなければ、避難指示解除がなされた福島の現状は、まるで急速に「復興」が進んでいるように映るだろう。そのように〝演出〟された印象は、二〇二〇年の東京オリンピック開催まで、ますます加速していくことだろう。

二〇一八年一一月、安倍首相は、来日した国際オリンピック委員会のトーマス・バッハ会長と、オリンピックの野球・ソフトボール会場に予定されている福島県営あづま球場を視察した。その際のコメントは、新聞報道などでは以下のとおりだ。

安倍首相「東京2020オリンピック・パラリンピックは復興五輪ということで、復興した姿を世界に発信したい」

バッハ会長「この会談が福島県で行なわれているということは極めて象徴的です。復興が大きな進捗《しんちょく》を遂げているということ、福島県の皆様が精神的な復興を果たしていることを強く印象づけています」

こうした「復興」の言葉が広がれば広がるほど、福島が現在も「原子力緊急事態宣言」のもとにあることが人々の脳裏からは消えていくのではないか。それは、いまも、そしてこれからも放射能災害のもとに生きる人々を苦しませることにはならないだろうか。

引き裂かれ、分断される市民

住民の不安に応えず、演出された「復興」の広まりは、たとえば、原発事故当時、わが子を被曝させてしまったのではないかと悩み、悔やみ続ける親たちの言葉をますます奪っていくようだ。

福島県は一八歳以下の子どもを対象に、二年に一度、「県民健康調査(旧称・県民健康管理調査)」の一環で甲状腺検査を行なっている。しかし、この「県民健康調査」については、運営や調査の中身自体に対する問題が様々に指摘され、不信感をもつ県民も少なくない。そのため、この甲状腺検査だけでは安心できず、生協やNPOなどが主催するエコー検査を子どもたちに受診させている親は、数は減ったとはいえ、いまも絶えない。しかも、そのことを友人にも話せないことも悩みだと言う。

三人の子の母親である杉山ちえ子さん(仮名)も、そんな一人だ。「こんなことやっていること自体が、おかしい人だって言われるんですよね、周りに」と言う杉山さん。だから、放射能に関連することは友人とも話をしないという。

「事故が起きた時に、県のホームページに載ってたんですよね、放射線の数値が。それが跳ね上がっているのを見た時に、ああ、これはもう大変なことが起こるかもしれないと思ったんです。それで弟がいる埼玉に避難したんです。でも、学校の先生から電話が来て「すぐ帰ってきて下さい。学校、始まります」って、すごかったんです」

一度福島に戻った杉山さんは、夫の仕事のことなど様々な事情から、結局は避難を継続することができず、悩みながらも福島で子どもを育てることにした。

「被曝させないよう、食べ物や水なんか(に気をつけて)、ともかく一〇年は頑張ってできることはやってみようと思いました。最初は、一番下の子が小学校に上がるまでって。でも、足りないなって思って「一〇年は頑張っていきたいから、あんまりワーワー言わないで」って、最初に旦那に言いました」

夫の理解と協力があっても、被曝の不安を抱えての子育ては容易なことではなかった。

「友だちに「まだやっているの」って言われたの。事故から二、三カ月なのに。上の子が通う小学校が始まって、しばらく経ってからですかね、ペットボトルの水を買ったり、水道水を使わないでいい無洗米を使ったり、なんてことしている時に「まだ、やってんの」って。だから言わないようにしようって思ったんです。でも、結局、漏れますよね、子どもから。飲み物に気をつけているとか、風が吹いてたらマスクしてるとか。「あそこのお家、不思議なお家」って言われるの。

子どもが外からドロドロになって帰ってくると放射能がついているんじゃないかって不安なので、すぐに着替えさせていたんです。そういうのも「遊びに行けないのは、不思議なお家だから」みたいな言い方で」

国・行政が進める「安全キャンペーン」のもとで、本来は助け合うはずの市民どうしが引き裂かれてしまっている。

福島で生きる人々のためにこそ

杉山さんの子どもの甲状腺エコー診断も行なっている種市靖行《たねいちやすゆき》医師は、自身が福島からの避難者である。震災以前、郡山市で整形外科医院を開業していたが、原発事故を受けて家族を石川県に避難させ、現在は福島県の甲状腺超音波検査者資格を取得し、甲状腺検診を行なっている。種市医師は、自分自身の避難の経験を踏まえてこう話す。

「決定的だったのは四月に学校を始めてしまったことです。学校もその正当性を伝えるためには、「安全だ」って言わざるを得ないんですね。それが、すべてですよ。

たぶん、県とか教育委員会としての判断じゃなくて、県や教育委員会は現場に投げたんですよ、校長先生の判断に。でも当時は、各校長先生はそんなに放射線の知識なんてないわけだから、周りの学校を見ているわけですよね。横並びにするために。「自分の学校だけは再開を五月の連休明けにします」なんてこと言ったら、相当、叩かれるわけですから。

本当は、そうしたかった教育関係者たちもいっぱいいるんです、後から話を聞いてみると。「ちゃんと子どもを守ることができなかった」って後悔していて、教師を辞めた方も何人かいるんですよね。そうしたまともなことを考えていた人たちがみんな辞めちゃったり、口をつぐんじゃったり。結局は、そういうことが「大丈夫だ」っていう話が主流になっていった原因でもあるんですね。もちろん、教育関係者たちが「大丈夫だ」って判断して学校が再開してしまったことを正当化する方向に、全部が動いている部分もあるかとは思うんですけれども」

表情には悔しさがにじんでいた。

種市医師も、原発事故が起こるとすぐに、放射線量が「ドーンと上がる直前に」、当時まだ幼かった子どもを連れて妻の実家のある石川県まで避難している。自身は二週間後に戻ったが、四月に入ってすぐに長女の通う中学校で、延期になっていた卒業式を行なうと連絡がきた。それにどうしても出席したいという娘。「しょうがないなあ」と思いながら福島に帰ってきたという苦い思いがある。その後に、結局は、住まいも、自分が経営する診療所も引き払って石川県に移住したのだが、今も一カ月に一、二度、甲状腺検査や健康相談のために福島に通い続けている。

「まだ、あのころはなんだかんだ言っても、みんな長袖を着たりして、二〇一一年の夏ぐらいまでは注意していたんです。「心配してない」なんて言うと、「自分だけ心配してない変な人」だと思われるから。（ところが状況が逆転して）今は、本当は心配していても、「心配してる」って言えない人たちもいっぱいいるわけですよ。

学校で行なっている甲状腺検査の受診率が高いのは、親たちがみんな、それなりに心配しているからです。心配しているからこそ、子どもの受診の承諾書に親たちはサインして県に送っているわけですよ。ただ「心配している」と口に出せないだけで」

そんななかで、いま、高い受診率を下げ、甲状腺検査の縮小を意図しているような動きがあると種市医師は指摘する。

「今は学校での検査で九〇％以上が受診しているんです。だけど「受診していない一〇％ほどの子どもは肩身の狭い思いをして、検査会場に皆が移動するなか、ひとりだけ教室に残る。そういう子どもがいるんだから、その子に配慮して学校の検査なんか止めさせるべきだ」というようなことを言っている人が、県民健康調査の検討委員会の中にいるわけです。ちょっとおかしいなって感じがするんです」

上辺だけの「復興」も、「風評被害」の強調も、「あったことをなかったことにする」状況を進行させている。しかし、この先もここで生きていかなければならないと決意する人々が福島にはいる。とりわけ、その「復興」のかけ声のもとで、自分の存在までも否定されているように感じている親たちの声を私たちはどう聞くのか。「これから健康被害が出るのか、出ないのか」、その不安の声さえも押しつぶそうとする「空気」が支配的となっているのだ。

先の杉山ちえ子さんは言う。

「不安なこと、何でしょうね……。やっぱり、後になって「全部ダメだった」っていう結果になることですかね。「本当はこんな生活してちゃいけなかったんだよ」って後悔するというようなな。

前からみんな言ってますけど、結局は、福島はただの実験台だって。そして実験が終わった時に、「やっぱりお前たちダメだったんだよ」って言われるのが一番怖いですよね。

これから一〇年。いま七年目で、たとえば事故から一七年とか二〇年経った後に、笑い話で終われればいいなって思っているの。水や食べ物やマスクや着替えや、水泳させなかったことや、私たち家族のやったことが「ああ、なんか全然、気にしなくてよかったじゃん。なんか大変だったよね」って笑って話せる老後になっていればいいなって。

だから、頑張らないで後悔するよりは、とりあえずは頑張って笑った方がいいじゃないかと。一番怖いのは「やっぱりダメだったんだよ。あなたたちは実は、本当はダメだったんだよ」って言われることだから」

第4章　「抵抗」に連帯していく文化はあるか

アレクシエービッチさんの福島訪問

二〇一六年一一月、ノーベル文学賞を受賞したベラルーシの作家でジャーナリストのスベトラーナ・アレクシエービッチさんを飯舘村などに案内した。彼女が福島を訪問し、避難を続ける人々から話を聞く番組を制作したいとNHKの友人から連絡を受けたのだ。

恥ずかしながら、アレクシエービッチさんの作品は『チェルノブイリの祈り――未来の物語』(松本妙子訳、岩波現代文庫、二〇一一年)しか読んでいなかった。ただ、福島第一原発事故の直前、私は原発事故から二五年目のチェルノブイリを取材していた。私にとっては願ってもない機会であると思い、私が取材させていただいている福島の方々をアレクシエービッチさんと一緒に訪ねてまわることにした。

何百人にも及ぶ詳細なインタビューによって作品を構成するアレクシエービッチさんが、たった数日の福島の旅で作品を書けるとは思わなかった。それでも、私が原発事故以来、通い続ける福島の風景の中を歩き、私が出会った人々と言葉を交わすことはアレクシエービッチさんにも、避難を続ける人々にも何がしかの印象を残すだろうと思った。

事前に彼女から希望が出されていなかったこともあり、移動時間の節約のため一筆書きでコースを描いた。飯舘村からの避難者たちが暮らしている、伊達市に開設された仮設住宅、その避難者たちのふるさとで人が住んでいない飯舘村、そして私が共同監督を務めたドキュメンタリー映画『遺言　原発さえなければ』（二〇一四年）の舞台の一つである、相馬市の山中などを歩いた。相馬市山中の玉野地区は、第1章でも述べたように、酪農家の菅野重清さんが「原発さえなければ」との遺書を書き残して自死した堆肥小屋のあったところだ。

アレクシエービッチさんは、原発事故でふるさとを追われた人々の話に静かに耳を傾け続けていた。彼女からの言葉はほとんどなかった。

後日、東京に戻った彼女は東京外国語大学で講演を行ない、そのなかでこう話した。

「福島で目にしたのは、日本社会に人々が「団結する形での抵抗」という文化がないことです。祖母を亡くし、国を提訴した女性はその例外です。同じ訴えが何千件もあれば、人々に対する国の態度も変わったかもしれません。でも、一部の例外を除いて、団結して国に対して自分たちの悲劇を重く受け止めるべきだと訴えるような抵抗がなかった」

「（旧ソ連時代から）全体主義の長い歴史を持つ私たちと同じ状況だ」

彼女の発言をマスメディアが「「日本には抵抗の文化がない」と指摘」といった形でまとめた。そのため、原発に反対する人々の間からも彼女の発言に対する反発のコメントが、インターネット上などにたくさん投稿された。しかし、マスメディアの切り取り方、それを受けての視聴者・読者の誤解が原因であり、そのことは本質的な問題ではないように思えた。

福島の避難者たちを取材し続けてきた私には、彼ら・彼女らが「抵抗の文化」をもっていることを目撃し、感じとって来た。アレクシエービッチさんの指摘の意味は、別のところにあったのではないか、と私には思えるのだ。

「抵抗」に団結していく力は

アレクシエービッチさんは講演で「祖母を亡くし、国を提訴した女性」と述べていた。これは、私がコーディネイトした一人、飯舘村から南相馬市に避難をしている大久保美江子さんのことに間違いない。しかし、ここには、アレクシエービッチさんの誤解があった。実際は「祖母」でなく義父、つまり夫の父親であり、「国を提訴した」のではなく東京電力を相手にした訴訟をしていた。

大久保美江子さんの義父、大久保文雄さんは、飯舘村が計画的避難区域に指定されたニュースが流れた翌日の二〇一一年四月一二日、一〇二歳で自死した。「俺も避難しなくちゃならないのか」「ちょっと長生きし過ぎたな」と言い残しており、避難することや、そのことで息子夫婦に迷惑をかけることなどを苦にしていた様子がうかがえた（詳しくは拙著『フォト・ルポルタージュ福島を生きる人びと』岩波ブックレット、二〇一四年を参照）。

義父の自死を悔やみきれない思いを抱えながら避難していた美江子さんは二〇一五年七月、東京電力に損害賠償と謝罪を求めて裁判所に訴えを起こした。

「なぜ、じいちゃんが亡くならなければならなかったのかって。いまでも、まだ元気でいてほしいっていう気持ちは変わってないので。でも、飯舘村に帰ると、じいちゃんがいないっていう現実を突きつけられて。私自身もこのままだと、前を向いて歩いていけないこともありまして。どうしても、身内の尊さっていうのを、やっぱり東電さんにはわかってほしいなって思って、こういう形で、提訴に至りました」

提訴後の記者会見で美江子さんはそう語っていた。

また、誰も住まない飯舘村の自宅に一時帰宅した際には、こうも言っていた。

「亡くなったっていうのを認めたくないっていうか。何回も何回も思い浮かべるんだけども、一〇二歳の人間が、自分の首を絞める紐《ひも》を自分でつくって、それに自分で首をかける。その紐をつくっている時の、その心境はどんなもんだったろうって思うと、なんか、このままでは終わりたくないかなって、自分の中にあります。最期まで、この笑顔を見てやりたかったなって」

こうした美江子さんの話を聞いたアレクシエービッチさんの講演を「「日本には抵抗の文化がない」と指摘」とまとめるには、無理があると私には思われる。

アレクシエービッチさんの指摘は「団結する形での」に重きが置かれていたと私は理解した。なぜなら、繰り返すように、「原子力緊急事態宣言」が未だ発令中であるにもかかわらず原発が再稼働されている現実、言い換えれば再稼働を許してしまっている私たち、社会の側が避難者たちに目を向け、ともに手をとって「団結」していこうとする姿勢を欠いている現実に目を向けざるを得ないはずだからである。しかも、人々を分断させ、団結を削《そ》いでいく日本の政治のありようは、アレクシエービッチさんの「全体主義の長い歴史を持つ私たちと同じ状況だ」との指摘とも重なる。

ふるさとを奪われた避難者たちは、抵抗を続けている。問題は、そうした個々人による「抵抗」を、私たちが自身のこととして受け止め、「団結する形」に紡《つむ》いでいくことができるかどうかではないのだろうか。

そうでなければ、アレクシエービッチさんの指摘を待つまでもなく、「復興」キャンペーンのもと、まるで放射能が消えたかのように原発事故の記憶も記録も「風化」を強いられてしまう。そして、原発震災などなかったかのようにされ、抵抗を続けている人々は孤立することを強いられていく。そうなった時、再び「安全神話」の上に成り立つ危険な社会が築かれ、その犠牲は私たちに降りかかってくる。実際、原発事故に対する「風化」と同時に、日本社会における政治の劣化、民主主義の形骸化が加速しているのではないか。

「じいちゃんへの謝罪」を求めて

美江子さんが、アレクシエービッチさんと出会ってから一年三カ月後の二〇一八年二月二〇日、福島地裁の判決が出された。原発事故と文雄さんの自死との因果関係を認め、東京電力に慰謝料の支払いを命じるもので、美江子さんの勝訴だった。

判決を受けた東京電力は、その約一カ月半後の四月五日、飯舘村の美江子さん宅を訪れた。美江子さんが裁判で求めていた「じいちゃんへの謝罪」のためである。その一週間ほど前、私は、美江子さんから同席を求める電話をいただき、普段は誰も住んでいない彼女の家に向かった。

避難から七年が過ぎ、その間の風雨で崩れてしまった牛小屋は解体されて、庭が広くなっていた。そして納屋がリフォーム中だった。「応援してくれる皆さんが来てくれたときに、ここで薪ストーブを囲めるように」と笑顔を見せながら、彼女は村に戻る決意を語った。

「やっぱ自分の住み慣れたところで、まあ動けるうち動いて。長年、住み慣れたところで少しでも生活したいかなっていうのは、あります。飯舘のご年配の方が戻りたいという気持ちはわからないわけではないです。知らないところに行って、いくらそこで七年間暮らしているといっても、そんなに心を許せるわけでもないし、親しくなるわけもないし。だとしたら、誰も居なくても、やっぱり自分の住み慣れたところは、ホッとする場所なのかな。全部、自分をさらけ出すことができるとこなんですかねって、私は思ってます」

そう語りつつも、彼女は「私にとっては、ですよ」と付け足すのを忘れない。

「息子はここで生まれて、愛着を持っているので、ここに戻ってきてもいいような話なんだけど、お嫁さんは、やっぱり嫌だと。なんせ、小さい子どもがいるからって。私は、あえて若い人が戻るところではないかなって判断はしてます。ここは放射能がなくなったわけではないし、線量が低くなったって私は思ってないので」

そんな場所にしてしまった加害者は、もちろん東京電力である。美江子さん宅を訪れたのは、福島復興本社副代表、福島原子力補償相談室室長、福島原子力補償相談センター副所長である。彼らは、大久保文雄さんの仏壇に手を合わせた。福島復興本社副代表である近藤通隆氏は「まずもって、私どもの事故によりまして、お父様の、こちらの飯舘で、一〇〇歳を超えてお元気にされていたお父様、最後に、あの、辛いご決断をさせてしまいましたこと、ほんとうに心苦しく、大変、反省しております。七年経って、大変、遅かったと思いますけれども、この場を借りてお詫び申し上げます。大変申し訳ございませんでした」と述べ、美江子さんに頭を下げた。

美江子さんは「こうやって一〇〇歳過ぎるまで、ずっとここに、飯館村で生まれて、育って、ずっとどこにも出たことなかった方なので……。でもね、今日、来ていただいて、線香上げていただいたので、父も、きっと喜んでいると思うので」と応えた。

東京電力の三人を見送った美江子さんに、私は「今日の謝罪で少しは、気持ちが晴れるなら、いいですけれどね」と水を向けてみた。すると、美江子さんは、複雑な思いをこう語った。

「晴れるってまあ、完全に晴れるってことは、一生かかってもこれはないと思うんですけれども。私、一生背負っていかなきゃならないものだと思っているので。じいちゃんの無念も、一生かかっても、晴れるっていうものではないんですよ、これは」

そして自分に言い聞かせるように「だけど、今回のことを区切りにするってことは可能かなって思ってます」と続け、さらにこう付け加えた。

「何をどうするにも、まず自分で決断して、第一歩を踏み出さないと何も始まらないって思います、やっぱりね。後ろを向いてばっかりいたんでは、前は向けないし、前も見えないし。私みたいな女一人でも、こうやって皆さんの力を借りれば、闘っていけるので。私は、そういう面では皆さんにエールを送りたいかな」

ふるさとの仲間とともに

もちろん、東京電力と闘っているのは大久保美江子さん一人ではない。また、美江子さん自身も、一人だけで闘っているわけではない。たとえば「ひだんれん」の略称で知られる「原発事故被害者団体連絡会」のように、原発事故による損害の賠償や責任の明確化を求めて、訴訟などを起こした被災者団体が結成した全国組織もある(一八団体が加盟、四団体がオブザーバー参加)。

あるいは、帰還困難区域に指定されている浪江町津島地区の住民が六五〇名以上も参加する「ふるさとを返せ！ 津島原発訴訟」原告団もある。その原告の一人、関場健治さんに初めて会ったのは、原発事故から一カ月ほど経った二〇一一年四月一七日、すでに避難が完了したはずの津島地区でだった。

妻の和代さんと猫と、まるで取り残されるようにひっそりと自宅の中に閉じこもっていたところを、偶然、私が取材で通りかかった。当時はまだ放射線測定器が市民の間に出回る前で、二人は自宅周辺がどれほど汚染され、危険な状態となっているか知らなかった。そのため、この地区に大量の放射能が襲いかかる前に会津へ避難していたのに、残してきた猫が気がかりで戻ってきていたのだ。

彼らの求めに応じて、ガイガーカウンター(放射線測定器の一種)を取り出して計測してみると、あまりの高線量に私は驚かされた。つまり辺り一面に毎時二〇〜三〇マイクロシーベルトの放射線が飛び交い、雨樋の下では毎時五〇〇マイクロシーベルトが計測された。放射能が降る前の実に一万倍である。のちに映画『遺言　原発さえなければ』を共同監督することになる野田雅也氏が、このときは取材に同行していた。私たちは「ともかく一刻も早く」と夫妻と猫とを急《せ》かして、彼らが避難先に戻るのを見送ったのだった。

関場夫妻は会津の親戚の家や、温泉旅館、雇用促進住宅、さらには西会津へと、避難先を転々とし、現在は茨城県日立市に避難している。避難といっても、すでに七年半。ふるさとを追われた避難者の多くがそうであるように、買い求めた家に関場さんたちも暮らしている。

その関場夫妻は毎月のように片道二時間かけて郡山市に通う。「ふるさと津島を返せ」と訴える津島原発訴訟の法廷が開かれている福島地方裁判所郡山支部での傍聴の闘いに参加するために。

「原告団の役員の人たちだけに任せるんじゃなくて、自分たちもできることは協力したいってね。広く世間に知ってもらうために、一人でも多く参加した方がいいと。裁判官たちも傍聴席の埋まり具合や裁判所の前を通るデモ行進を見てるって聞いたもんで。一人でも多く参加した方が、余計強い力が出るんじゃないかなあって思って」

そう言うと健治さんは「それに、元の仲間と会えるということも、あるんですけれども」と微笑んだ。

「昔のことも知っているし、心から話せる仲間ですからね。小さい時から一緒の人もいますから。津島全体が家族みたいな。子どもたちなんかも、家族だけで育てるんじゃなくて、津島全体で見守っていたっていうこともありましたからね」

裁判に参加することで懐かしい顔を見ることができ、奪われたふるさととのつながりを確認したいというのだ。

「ホントに津島は一番いいとこですね。近所のことも親身になって考えてくれるしね。避難先で望んでも、そういうものはなかなかできるものじゃないですから。五年や六年で築き上げられるものでもないですよね。やっぱり、何十年も先祖代々築いてきたものですから。

だから、原発事故で、こういうコミュニケーションも取れなくなっちゃってね、それも辛いところですよね」。そう避難の苦しさを、ぽろりとこぼした。

だからこそ、原発災害とその後の対処でも理不尽さを強いる東京電力や国の姿勢に抵抗するのだが、その難しさも感じ始めてもいる。とりわけ避難が長期化していることは、抵抗の継続を難しくしている。

「なんか、ふるさとを心の中に置いてしまったような感じ。（ふるさとを返せという怒りや思いは）気持ち的にも、だんだん弱まってきている感じですね。先が見えないですからね。あと何年後には絶対帰れるっていう希望があれば、また強く元の気持ちになると思うんですけれども。今の状態では、不可能かもしれませんからねえ……」

そう本音も漏らしながらも、「なんか、そういうことも悔しいですよね」と内向する思いも口をついて出る。

それでも「抵抗」を諦めない。「元の姿に戻るっていうことは、不可能に近いかもしれません。でも、誰かが訴えないとね。このまま忘れられちゃうんじゃないかっていうことも、ありますから」。

本人は意識していないかもしれないが、ふるさとの仲間と一緒に抵抗すること自体の中に、健治さんはふるさとを再生しようとしているのではないか。私にはそう感じられた。関場さん夫妻だけでなく、ふるさとの仲間たちが裁判やデモ、集会で「お金の問題じゃないんです」とくり返し訴え続けている。彼ら・彼女らの表情からも、ふるさとへの深い思いが感じられた。

人間らしく生きられる場所を求めて

関場さんたちにとって「抵抗」は、自分たちのふるさとがもっていた意味や、自分の生きる証しを確認するような作業といえるかもしれない。それとは逆に、ふるさとを思いながら生きることが、「抵抗」となっている人たちもいる。

伊達市の仮設住宅で一人暮らしを続ける菅野榮子さん(七二頁参照)もその一人だ。彼女にも、アレクシエービッチさんに会ってもらった。

アレクシエービッチさんに会ったのち、菅野さんは飯舘村への帰還の気持ちを固めていった。しかし、彼女は「帰ろうとしている」ふるさとを、「孫や子どもを引き寄せるなんて思いでは帰れるところじゃないよ。だからといって、「じいちゃんが遺言状を書いて死んだから、(その遺言に従って)帰っていかなきゃなんねえ」なんて言う、そういう態勢をとるようなところじゃないよ」と表現する。

亡き夫と農業で暮らしを立てていた菅野さんにとって、除染されたとはいえ、放射能に汚染された土地での農業の再開は考えられない。避難した時より放射線量は下がったとはいえ、被曝の恐れがなくなるわけでもない。それどころか、どのように暮らしても原発震災前の数倍の被曝は避けられないことも知っている。また、避難指示解除後、村民が戻ったとはいえ、元の人口の二割に満たず、しかも高齢者ばかりの村や集落では、事故前のように人々が互いに助け合うことで成り立っていたようなコミュニティの再建も望めないことも知っている。

さらにいうと、もう少し待てば、あるいは村に帰れば何とかなるかもしれないという将来に対する希望すらも持つことはできない。菅野さんはこうも言う。

「原発の、原発事故の将来像が見えないんだから。国だって、(将来像は)出さないでしょう。この先、原発事故がどうなるのかって出さないで、うやむやにして。それで、「復興だ、復興だ」っていう言葉だけ使っているんでしょう、言葉だけ」

そう考えているにもかかわらず、彼女は村に帰る決意を固めた。いつまでも仮設住宅に住めるわけでもない。二〇一八年春には、彼女の暮らす「伊達東応急仮設住宅」の住民自治会も、翌年の仮設解体の決定を受け、最後の花見を開いて解散した。そして、それを契機に避難者はそれぞれ避難先に家を求めたり、新しく建てたり、子どもたちの家や公営復興住宅に入ったり、あるいは、村に帰って行ったりする。七年になる避難生活の中で育まれた仮設のコミュニティも解体されれば、ここも終《つい》の住処《すみか》にはならないのだ。

もちろん、それでも迷いはぶり返す。「その家、その家(の判断)で、もう諦めて「帰らない。なんぼ土地があっても帰らない」って言っている人もいる」と菅野さんは言う。はたして、そんな村に帰ることに何の意味があるのか。「まあ、難しい問題でねえのって思う」という彼女のため息を何度となく私も聞いた。それでも菅野さんは帰る気持ちになった。

「だけど、そこで私らは人間らしく生きたいっていう欲望はあるのよ。人間らしく生きたいって思っている」

人間らしく生きられる場所――避難生活を強いられてきた彼女のふるさとに対する思いはそこにあるのかもしれない。

「何十年後か、何百年後かヒコ（ひ孫）が帰ってきたときに、その村の再生の足跡を残しておくのが、私らの仕事でねえかなって思う。だから帰ろうかなって思って。まあ、ひとつの挑戦だ。人生の挑戦だ。挑戦だし、賭《か》けだと思っている」

この菅野さんの言葉には、まぎれもなく彼女の「抵抗」が込められていると私には思えるのだ。

「抵抗の文化」をどう育んでいくか

アレクシエービッチさんに菅野榮子さんを紹介したとき、同じ仮設に暮らす長谷川健一さんにも会ってもらった。そして、長谷川さんに、ふるさとである飯舘村を案内してもらった。

そのころ、すでに長谷川さんは帰村の意思を固めて、その準備のために仮設住宅から片道四〇～五〇分をかけて村に通いながらソバ栽培を始めていた。「農地保全」のためだという。

長谷川さんの集落は、村の中では、帰還する家が多い方だ。それでも、避難世帯の約半数にすぎない。しかも、帰村する家は、高齢者の世帯だ。原発事故前、一緒に暮らしていた家族は、避難によって二世帯、三世帯へと分離してしまっている。高齢世帯だけでは、震災前のように田畑を管理することはできないだろうと長谷川さんは言う。

そこで、長谷川さんは、震災前から地域の仲間たちと行なっていたソバ栽培を、より大型のコンバインなどの農業機械の導入によって対処できないかと考えてきた。

二〇一六年の初夏、試しにと一ヘクタールの畑にソバの種を蒔いた。しかし、その時すでに、たとえソバが収穫できるようになったとしても販売するのは無理だろうと、長谷川さんは言っていた。「何百万円もする機械を購入しても元なんか取れるはずがない。農地保全の補助金があるからできることだ」。しかし、その一方では「うまいソバを喰わせたい」という思いもあった。

農機具を保管する倉庫の奥から「地元産・手打ちそば」と大書きされた大きな看板を見つけ出して、自慢げに懐かしんだ。

「山津見《やまつみ》神社のお祭りに合わせて、この看板を立ててな。それで、あの「ふれあい茶屋」で、蕎麦《そば》打ちやってたんだよ。好評でな。このソバを待ってるお客さんもいたんだよ」

飯舘村に鎮座する山津見神社は、全村避難後に火事で焼けてしまったが、二〇一六年に復元された。毎年旧暦の一〇月一五〜一七日の三日間、例大祭が行なわれ、参詣者でにぎわっていた。また、「ふれあい茶屋」は、長谷川さんが区長を務めてきた前田行政区の人々が協力して整備してきた交流の場である。地区の農産物や山菜、天然キノコなどの販売も行なってきた。「日本一美しい村」と称されてきた飯舘村の観光スポットとしても人気のあった場所である。

二〇一六年の秋の収穫は、当初からの予定通り、翌年にもう少し規模を広げて蒔くための種を得るためとしていた。ソバに含まれる放射能濃度を測ってみると、一キログラム当たり二六ベクレルのセシウムが含まれていた。これは国の定める出荷基準である一〇〇ベクレルを大きく下回っている。しかし、長谷川さんに安堵の表情はない。

「北海道産のND（不検出＝検出限界値以下）のソバと、飯舘産のソバとどっちを買うかって。わざわざ飯舘産のソバを買う人がいると思うかい」と自嘲気味に笑った。それでも翌二〇一七年初夏、前年に採ったソバの種を、今度は少し広く蒔いた。そして、「帰りたい」という九〇歳になる父親の気持ちを汲《く》んで避難先の伊達市の仮設住宅から村に帰った二〇一八年七月には、さらに広く、何枚もの畑にソバの種を蒔いた。「この辺りは全部、ソバ。雑草を生やしておくわけにもいかないから」と長谷川さんは説明してくれた。

しかし、二〇一八年は六月末から七月にかけて酷暑で雨が降らない日が続いた。本来はこのころに収穫する「夏ソバ」はほとんど収穫がなかった。

「だめだなあ、夏ソバ。今年、雨少なくて、水分不足で育たなくなっちゃった。この辺は砂地が多いから。仲間の佐藤忠義さん（七〇頁参照）も、この辺に蒔いたんだけど、全部ダメだった」

長谷川さんは、そう嘆いた。夏に種を蒔いて秋に収穫する「秋ソバ」に期待をかけるも、「天気が偏らなければいいなあって思ってよ。お盆の前に蒔ければな。去年は、それができなかったんだ。蒔かなかったんだから」と心配していた。私が「やっぱり、百姓は天気に左右されるんですね」と水を向けると、意外な反応を示した。

「別にかまわねえんだ。どうせ生業《なりわい》になるわけでも、ねえんだから。ただ、何もしないではいられないから、こうやって畑に出てるだけ。だって、この辺には、何もつくる予定のない畑もあるの。ただ草刈って保全してるだけ。ここだって、畑が荒れねえようにソバ蒔くだけだから。ソバで生業になるなんて、とんでもない。ただ、農地を保全するだけ。（実際は）そうなんだ」

それでも、ふるさとの村に帰って「農地保全」という名目であっても、農業を再開したのには長谷川さんの意地もあるのだろう。長谷川さんがトラクターを使ってソバの種を蒔く傍らで、その種や肥料を準備しながら、連れ合いの花子さんが懐かしそうに振り返る。

「ここは西地区って言って、お父さん（長谷川さんのこと）たちが代表で、ここの農地の管理組合を立ち上げたんだよね、震災の前に。石だらけの表土を剝いで耕して、畑をつくったの。その時の「自分たちでつくった」っていう思いがお父さんたちにはあるから、土地を荒らしたままにしては置けないっていう気持ちがあるんだろうね。だから、自分たちが動ける間は畑仕事だってなんだってやるっていう思いが、あるの。

避難する前の年の秋には、いまソバを蒔いているところにタマネギの栽培を試験的にやったの。その前にはキャベツ、さらにその前にはダイコンつくってたから、共同でね。でも、キャベツは重いから、今度はタマネギにしてみようかって話をして、それじゃあって、五アールだけ試しにタマネギを植えたのね。そしたら、そのまんま避難になっちゃったんだけど」

自分たちで、つくり上げたふるさと。そうした自負心を抱きながら、ふるさとに強くこだわり続け、奮闘し続ける長谷川さんたちの姿にも、私は「抵抗」を見る。

「抵抗の文化」は確かにある。しかし、それを他人事としてではなく、自らが生きている社会の出来事として、その責任を引き受ける連帯感を育み、人々を団結させる「文化」こそが、私たちに求められているのではないだろうか。

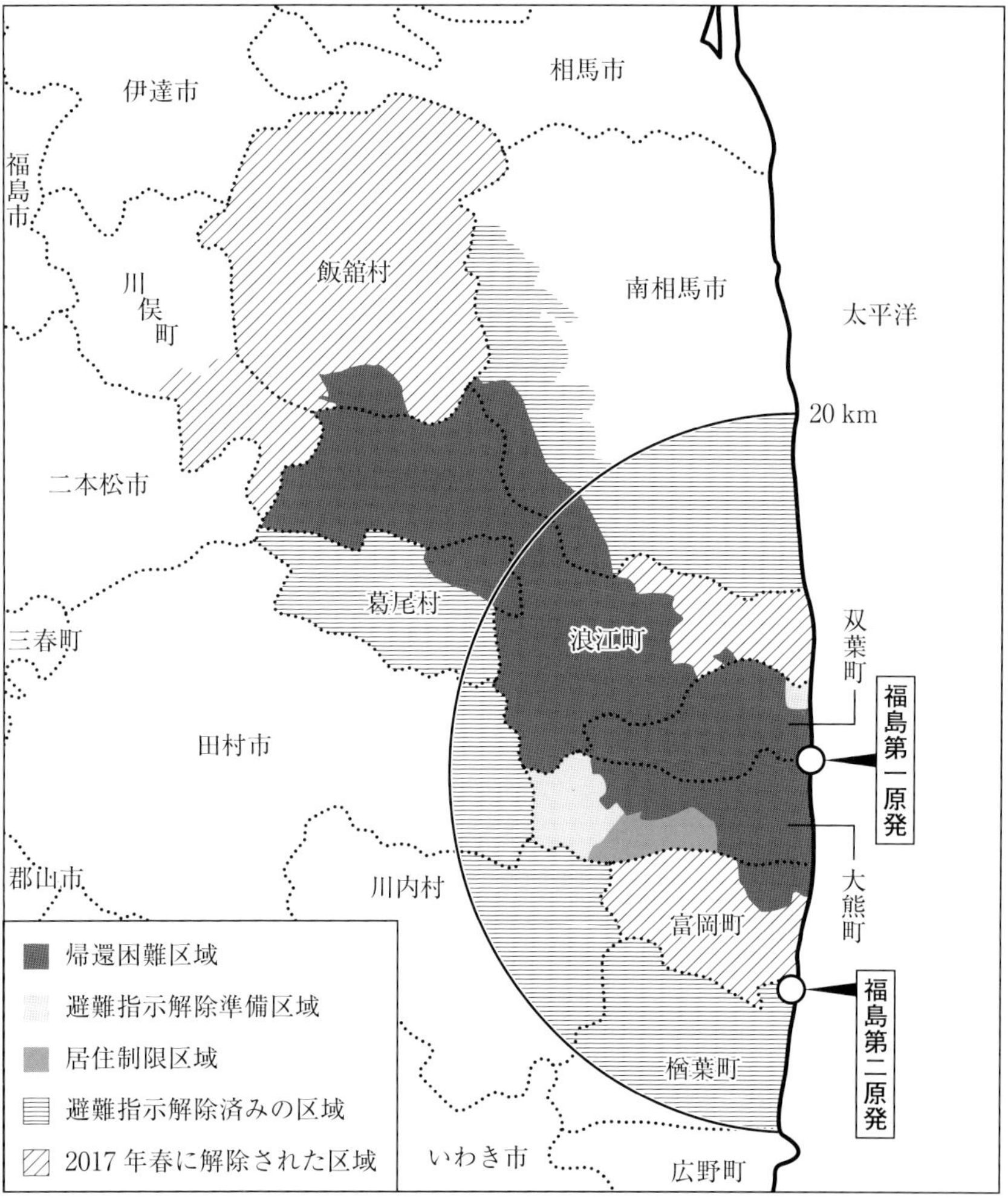

福島県内の避難指示区域の変化

豊田直巳

フォトジャーナリスト．日本ビジュアル・ジャーナリスト協会（JVJA）会員．1956年静岡県生まれ．1983年よりパレスチナ取材を開始．中東，アジア，バルカン半島などの紛争地をめぐり，人々の日常を取材している．2011年3月11日に発生した東日本大震災・原発事故の翌日から，福島の現地に入り，取材を開始した．2003年，平和・協同ジャーナリスト基金賞奨励賞受賞．

著書に『フォト・ルポルタージュ　福島　原発震災のまち』『フォト・ルポルタージュ　福島を生きる人びと』『劣化ウラン弾——軍事利用される放射性廃棄物』（共著）（以上，岩波ブックレット），『戦争を止めたい——フォトジャーナリストの見る世界』（岩波ジュニア新書），『それでも「ふるさと」』（写真絵本シリーズ全3巻，農山漁村文化協会），『フクシマ元年』（毎日新聞社），写真集に『イラク爆撃と占領の日々』（岩波書店），『イラクの子供たち』『パレスチナの子供たち』『大津波アチェの子供たち』（以上，第三書館）など．

また監督として，ドキュメンタリー映画作品『遺言——原発さえなければ』（野田雅也氏との共同監督，2013年），『奪われた村——避難5年目の飯舘村民』（2014年）も製作．

映画『遺言』公式サイト
：http://yuigon-fukushima.com/

映画『奪われた村』公式サイト
：http://ubawaretamura.strikingly.com/

写真展『フクシマの7年間・尊厳の記録と記憶』全国巡回プロジェクト」公式サイト
：http://toyoda-fukushima-photo.strikingly.com/

フォト・ルポルタージュ
福島 「復興」に奪われる村

岩波ブックレット 994

2019年3月5日　第1刷発行

著　者　豊田直巳《とよだなおみ》

発行者　岡本　厚

発行所　株式会社 岩波書店
〒101-8002 東京都千代田区一ツ橋2-5-5
電話案内 03-5210-4000　営業部 03-5210-4111
http://www.iwanami.co.jp/hensyu/booklet/

印刷・製本　法令印刷　　装丁　副田高行　　表紙イラスト　藤原ヒロコ

ISBN 978-4-00-270994-9　　Printed in Japan